互联网+教材

新时代职业教育思想政治理论课融媒体改革创新教材

根据教育部发布的2020年版课程标准编写

哲学与人生

主编　刘大卫

人民日报出版社
北　京

图书在版编目(CIP)数据

中等职业教育思政课. 哲学与人生 / 刘大卫主编. —北京 : 人民日报出版社，2020.12

ISBN 978－7－5115－6785－7

Ⅰ. ①中… Ⅱ. ①刘… Ⅲ. ①思想政治教育－中等专业学校－教材②人生哲学－中等专业学校－教材 Ⅳ. ①G711②B821

中国版本图书馆 CIP 数据核字(2020)第 239507 号

书　　名:哲学与人生
ZHEXUE YU RENSHENG
主　　编:刘大卫

出 版 人:刘华新
责任编辑:梁雪云
封面设计:博林文化 Bolinwenhua

出版发行:人民日报出版社
社　　址:北京金台西路 2 号
邮政编码:100733
发行热线:(010)65369509　65369512　65363531　65363528
邮购热线:(010)65369530　65363527
编辑热线:(010)65369511
网　　址:www. peopledailypress. com
经　　销:新华书店
印　　刷:河南理想印刷有限公司

开　　本:889 mm×1194 mm　1/16
字　　数:170 千字
印　　张:8
版次印次:2020 年 12 月第 1 版　　2020 年 12 月第 1 次印刷

书　　号:ISBN 978－7－5115－6785－7
定　　价:35. 00 元

前言

Preface

哲学研究整个世界，揭示整个世界发展的一般规律，并为人们认识世界、改造世界提供方法论的指导。哲学始终在思考宇宙、问辨人生、思考运动、问辩永恒。

马克思主义哲学致力于探究世界的一般本质和普遍规律，不但科学地揭示了自然界的变化发展规律，而且找到了打开人类社会历史奥秘的钥匙，发现了人类社会历史发展的基本规律，揭示了人生的真谛和实现人生价值的路径。

编写本书的目的是帮助中职学生学习、运用马克思主义哲学的基本观点，正确认识和处理人生发展中的基本问题，弘扬和践行社会主义核心价值观，从而逐步形成正确的世界观、人生观和价值观。同时，提高分析和解决问题的能力，真正成为一名具有高尚道德品质、良好职业素养的技能人才。

本书具有以下特点：

第一，科学性。本书体例设计特色鲜明，科学合理，有利于锻炼学生思维能力和把握规律的能力，从而使学生分析问题、解决问题的能力不断提高。

第二，创新性。本书注重体现学生探究性学习的新思路，突出知识、能力和素质“三元合一”的教学模式，以及方法、实践和创新“三位一体”的教学内容，侧重学法指导。

第三，实用性。本书重在体现时代性和针对性，实效性强。本书的内容体现时代要求，所选案例典型、生动、针对性强。通过案例分析，让学生悟出相应的哲学道理，学会哲学思维，用哲学观点看待人生，选择人生道路，实现人生价值。

第四，导向性。进一步强化中职学生德育行为的养成，注重引导学生养成运用哲学思维方法来认识和处理人生问题的习惯，以促进中职学生的全面发展。

本书编写人员长期从事一线教学工作，有较为丰富的教材编写经验，有较深厚的教学研究与教材改革工作基础。

由于是首次出版发行，书中难免有不妥之处，恳请广大读者批评指正。

编　者

2020 年 5 月

目录

Contents

第一章

立足客观实际，树立人生理想

马克思主义哲学，即辩证唯物主义和历史唯物主义，是马克思主义学说的重要组成部分，也是马克思主义学说的理论基础。它的产生，在“人类认识史上起了一个空前的大革命”。马克思主义哲学在吸取前人丰富思想成果的基础上，实行革命性的创新，从而成为迄今为止人类最具科学性的世界观和方法论。

世界是多样的，多样的世界统一于物质，其运动、变化、发展又存在着不以人的意志为转移的客观规律。因此，在现实生活中，我们想问题、办事情、选择自己的人生道路，一定要从客观实际出发。一切从实际出发，既要善于分析客观实际，实事求是，又要自觉发挥主观能动性，树立人生理想，创造和享受成功的人生。

第一节　客观实际与人生选择

选择正确的道路，永远比跑得快更重要。选择就是给自己定位，选择就是给自己寻找前进的方向，选择就是把握自己的生命，选择就是为自己的生命重新注入激情。

人的一生就是不断选择的一生，客观实际是人生选择的基础和前提。因此，我们必须从实际出发，才能选择适合自己发展的人生道路。

案例导入

周襄王十三年(前 639 年)，宋国、楚国召集诸侯大会，陈国、蔡国、许国、曹国和郑国赴会参加。盟会之前，子鱼(宋襄公兄长)力劝宋襄公不要一心争求盟主地位，他说："宋，小国也，小国争盟，祸也。"宋襄公听不进子鱼的谏言，决心召开诸侯大会，结果楚成王在会场上突袭，宋襄公被抓到楚国，后来在鲁国的调停下他才被释放。

宋襄公盟主之途受阻，而且被楚成王活捉，他哪能忍得住这口气？因此，宋襄公不顾子鱼和公孙固的再三劝说，于周襄王十四年(前 638 年)发兵讨伐臣服楚国的郑国，打算一雪前耻。郑国见宋国出兵，向楚国求救，楚国立即率领军队往宋国出发。

同年十一月，宋、楚两军相遇于宋国边境的泓水，宋国屯兵于北岸，楚军从南岸渡河。当时宋国军队已经摆好阵势，而楚军则尚未开始渡河。当时宋国大司马公孙固眼见敌众我寡，建议宋襄公乘楚军半渡而击，但宋襄公自命"仁义之师"，不乘人之危图谋侥幸胜利。楚军渡水之后，尚未整军列阵前，子鱼建议趁对方还没摆好阵势赶快攻击，然而宋襄公仍然不听从。

楚军布置好阵势，军容壮盛，宋襄公不仅亲自披挂上阵，而且身先士卒，但楚军兵将众多且善于作战，采取包围的方式夹击宋军，宋军无力突破，对战之中，士兵伤亡惨重，宋襄公也受了伤，大败而归。次年，宋襄公伤重不治，离开人世。

泓水之战后，宋国国力一蹶不振，从春秋时代的舞台中心退至边缘。而楚国在中原已无阻力，成了戏台主角，在往后数年间，势力一度达到黄河以北，直至晋文公率领晋国崛起后，楚国的角色才由晋国取代。

思考：为什么宋襄公会失败？

一、哲学是系统化、理论化的世界观

哲学的产生

(一)哲学的基本问题

哲学是关于世界观的学说,是系统化、理论化的世界观。

世界观是人们对整个世界以及人与世界关系的总的看法和根本观点。世界观人人都有,但一般人的世界观都是自发的、朴素的、零散的,缺乏理论的论证和逻辑系统性,一般人自发形成的世界观还不等于哲学。哲学是把不自觉的、不系统的、零散的世界观加以理论化和系统化。世界观经过概括和总结,把它加以理论化和系统化,从而形成一定的思想体系,才能成为哲学。

哲学的基本问题是思维与存在的关系问题,也就是意识与物质的关系问题。它包括两方面:一是思维和存在何者为本源的问题;二是思维和存在有无同一性的问题。

之所以说思维和存在的关系问题是哲学的基本问题,是因为:

(1)思维和存在的关系问题是人们在现实生活和实践活动中首先遇到和无法回避的基本问题。

(2)思维和存在的关系问题是一切哲学都不能回避、必须回答的问题。

(3)思维和存在的关系问题贯穿于哲学发展的始终,决定着哲学的基本性质和方向,决定对哲学其他问题的回答。

(二)马克思主义哲学是科学的世界观和方法论

从马克思主义哲学产生来看,马克思主义哲学是在具备一定的经济政治科学的条件下产生的,是对人类哲学思想中唯物主义和辩证法传统的批判继承与创造性的发展。

从哲学的研究对象上来看,以往的哲学总是企图在科学之上创造一个包罗万象的知识体系,想穷尽一切知识,因而有许多不科学的成分。马克思主义哲学正确地解决了哲学和各门具体科学的关系,明确了自然界、人类社会和思维的普遍本质与普遍规律是哲学的研究对象。

从哲学的内容上来看,以往的哲学,唯物主义和辩证法是分离的,马克思主义哲学则把唯物主义和辩证法有机地结合起来。以往的哲学在自然观上是唯物的,但是在历史观上是唯心的,马克思主义哲学则把唯物辩证的自然观和唯物辩证的历史观高度统一起来。

从哲学的使命来看,以往的哲学只是以不同的方式解释世界,马克思主义哲学不仅强调要科学地解释世界,而且强调要科学地改造世界,强调哲学为实践服务。马克思主义哲学是无产阶级认识世界和改造世界的思想武器。在实践的基础上实现科学性和革命性的统一,是马克思主义哲学的重要特征。

从哲学的发展来看,马克思主义哲学从不自封为最终完整的知识体系,而把自己看作是一门创造性的科学,随着实践与科学的发展而不断丰富、完善和发展。

二、坚持一切从实际出发

一切从实际出发,这不是一个抽象的口号和一句空洞的套话,也不是走一走、看一看和想一想、说一说就能做到的。“实际”的现象是错综复杂的,“实际”的本质是“看不见、摸不着”的。真正做到一切从实际出发,就要做艰苦细致的调查研究,就要有比较丰富的科学知识,就要有很强的理论思维水平,还要有强烈的社会担当意识。一切从实际出发,就要反对主观幻想或臆断,就要反对违背客观实际和客观规律的盲目蛮干。

名人名言

物质是标志客观实在的哲学范畴,这种客观实在是人通过感觉感知的,它不依赖于我们的感觉而存在,为我们的感觉所复写、摄影、反映。

——列宁

(一)世界是客观存在的物质世界

世界的本质到底是什么?世界有无统一性?古往今来,人们一直在探索这个问题,并给予不同的回答,但总体来讲可归结为唯物主义和唯心主义。唯物主义认为世界统一于物质,物质是第一性的;意识是人脑的机能,是人脑对物质世界的反映,是第二性的;物质决定意识。唯心主义则认为世界统一于意识,意识是第一性的;物质派生于意识,是第二性的;意识决定物质。

1. 唯物主义

唯物主义经历了三个历史发展阶段,即古代朴素唯物主义、近代形而上学唯物主义、辩证唯物主义和历史唯物主义。

古代朴素唯物主义:否认世界是神创造的,认为世界是物质的,坚持了唯物主义的根本方向,本质上是正确的。但是,这些观点只是一种可贵的猜测,没有科学依据,它把物质归结为具体的物质形态,如水、火、气、土等,这就把复杂的问题简单化了。

近代形而上学唯物主义:在总结自然科学成就的基础上,丰富和发展了唯物主义。但它把物质归结为自然科学意义上的原子,认为原子是世界的本源,原子的属性就是物质的属性,因而具有机械性、形而上学和历史观上的唯心主义等局限性。

辩证唯物主义和历史唯物主义:正确地揭示了物质世界的基本规律,反映了社会历史发展的客观要求,它是划时代的思想智慧,是无产阶级的科学的世界观和方法论,是我们认识世界和改造世界的思想武器。

2. 唯心主义

唯心主义有两种基本形态:主观唯心主义和客观唯心主义。

主观唯心主义把人的主观精神(如人的目的、意志、感觉、经验、心灵等)夸大为唯一的实在,当成本源的东西,认为客观事物以至整个世界都依赖于人的主观精神。

客观唯心主义把客观精神(如上帝、理念、绝对精神等)看作世界的主宰和本源,认为现实的物质世界只是这些客观精神的外化和表现。

(二)自然界、人类社会都是客观的

马克思主义哲学对世界的本质做了科学的回答:世界的本质是物质,物质是不依赖于人的

意识并能够为人的意识所反映的客观实在。物质的唯一特性是客观实在性。

1. 自然界是客观的

智慧点拨

承认自然界的客观性是人类有意识地处理人与自然关系的前提，在利用自然、改造自然的时候，务必尊重自然、顺应自然、保护自然，学会与自然和谐相处。

自然界的万事万物都是物质的具体形态，无限多样的自然物质都具有客观实在性。

首先，自然界在人类产生之前就存在，并按照其自身的发展规律不断运动和发展。生命物质是自然界发展到特定时期、特定条件的产物。生命产生之后，也遵循其自身的规律运动，经过漫长的由简单到复杂、由低级到高级的演变和发展，逐渐出现了植物和动物，进而演变产生了高级动物——人。因此，人本身就是自然界的一部分。

其次，人类产生之后，自然界的存在和发展也不以人的意志为转移。人类改造自然的活动使人类生活的环境发生了巨大的变化。事实证明，人类改造自然的活动必须尊重自然规律，否则，必然受到自然的惩罚。人类产生之后，自然界的存在和发展仍然是客观的。

知识链接

“嫦娥一号”探月

2007 年 10 月 24 日，“嫦娥一号”卫星带着中华民族的期待和“嫦娥奔月”的古老传说，从西昌起步，奔向距地球大约 384 000 千米的遥远月球，开始了中国深空探测的首航。根据“嫦娥一号”探测的数据，科学家们初步摸清了月球上多种化学元素的分布。从化学元素的种类来看，月球与地球上的相同，但各种元素的含量却有很大的差异。

2. 人类社会的基础是物质生产

人类生存的“第一个历史活动”，就是进行物质生产，创造自己的物质生活，以解决衣、食、住、行这样一些生存的基本问题。物质生活的生产方式构成了人类社会存在和发展的基础，体现了人类社会的物质性。人类社会的发展离不开人有意识、有目的的活动，但社会的发展并不是由人的意识决定的，而是由不以人的意识、意志为转移的历史规律决定的。物质生产的内在矛盾，即生产力与生产关系的矛盾运动，从根本上决定着社会发展的方向和趋势。

3. 人类意识归根结底是对物质世界的反映

人脑是意识的器官，但不是意识的源泉。光有一个大脑是产生不出意识来的。实践中，同客观世界打交道，客观事物才有可能刺激人的感官和大脑，人才有可能形成关于它们的意识。正如马克思所说：“观念的东西不外是移入人的头脑并在人的头脑中改造过的东西而已。”意识的反映形式如感觉、知觉、表象以及概念、判断、推理，都是主观的，但它所反映的内容是客观的，都是来自外部世界客观存在的事物。没有被反映者，就不会有反映，离开社会实践，不接触客观事物，人脑就如同一部空转的机器，生产不出来任何意识。

世界是物质的，物质世界的客观性要求我们一切从实际出发，实事求是。一切从实际出发，实事求是，就是想问题办事情要以客观存在的实际情况为出发点、立足点，从客观的事实中找出解决问题的办法，使主观思想符合客观实际。这是科学的世界观和方法论。

典型案例

一位呆秀才，一条水沟挡住了去路。他取出书来，仔细翻看，却怎么也找不到如何过沟的答案。一位农夫告诉他，不用翻书，跳过去就行了。秀才听了他的话，双脚一蹬，往上一跳，竟落入水中。农夫说，不是那个跳法。说罢，单脚起跳，一跃而过。秀才看了埋怨道："单脚起步为跃，双脚起步为跳，你该说跃，不该说跳。"

案例分析：听了秀才的话，我们觉得他过于迂腐了，拘泥于书本。从哲学上看，秀才犯的是教条主义错误。教条主义的出发点是书本上的语句和结论，是领导人的讲话、上级的指示等，不考虑实际情况，往往表现为不重视实际经验的重要性。我们想问题办事情必须坚持从实际出发，使主观符合客观。

只有从实际出发，分析、认识和把握客观事物及其发展规律，使主观意识不断适应变化着的客观实际，才能做到主观符合客观，从而正确选择自己的人生道路。

名人名言

相信有一个离开知觉主体而独立的外在世界，是一切自然科学的基础。

——爱因斯坦

三、正确选择人生道路

智慧点拨

人生就是一连串选择的过程，谁拥有了选择的力量，谁就掌握了人生的命运。当一些重大的选择摆在我们面前时，需要我们采取绝对谨慎的态度，有时候做对选择比把事情做对更重要。

（一）从实际出发是正确选择人生道路的前提

世界的统一性就在于物质性，意识是对客观存在的反映。这就要求我们想问题、办事情、选择自己的人生道路时要从实际出发，实事求是。一切从实际出发，实事求是，是从世界物质统一性原理中得出的最重要的结论。一切从实际出发，实事求是，就是要把客观存在作为出发点，正确处理主观与客观的关系，使主观符合客观。只有从实际出发，分析、认识和把握客观事物及其发展规律，使主观意识不断适应变化着的客观实际，才能做到主观符合客观，从而正确选择自己的人生道路。

1. 透过现象看本质，把握事物的本质

事物都是现象与本质的统一。本质是决定事物各种表现的根据，是事物内在的方面；现象是本质的表现形式，是通过经验可以认识到的事物的外部特性，是事物外在的方面。事物的本质与现象总是结合在一起的，既不存在不表现为现象的赤裸裸的本质，也不存在无本质的赤裸裸的现象。本质与现象的真实关系，要求我们必须从现象入手认识本质，运用理性思维从现象中寻找本质，从表面的实际寻找深层的实际，如此才能真正做到一切从实际出发，实事求是。

资料小看板

张仲景诊病

东汉时期的大医学家张仲景，有一次给两个人看病。两个人都说头痛、发烧、咳嗽、鼻塞。经过询问，原来二人都淋了一场大雨。张仲景给他们切了脉，确诊为感冒，并给他们各开了剂量相同的麻黄汤，发汗解热。第二天，一个病人的家属早早就跑来找张仲景，说病人服了药以后，出了一身大汗，但头痛得比昨天更厉害了。张仲景听后很纳闷儿，以为自己诊断出了差错，赶紧跑到另一个病人家里去探望。病人说服了药后出了一身汗，病好了一大半。张仲景更觉得奇怪，为什么同样的病，服同样的药，疗效却不一样呢？他仔细回忆昨天诊治时的情景，猛然想起在给第一个病人切脉时，病人手腕上有汗，脉也较弱，而第二个病人手腕上却无汗，他在诊断时忽略了这些差异。病人本来就有汗，再服下发汗的药，不就更加虚弱了吗？这样不但治不好病，反而会使病情加重。于是，他立即改变治疗方法，给病人重新开方抓药，结果病人的病情很快便好转了。

2. 分清实际中的形式与内容，把握事物的内容

现实中的事物都是形式与内容的统一体。内容是构成事物一切要素的总和，形式是把内容诸要素相互结合起来的结构和表现方式。在形式与内容的关系中，首先是内容决定形式，形式依赖于内容，内容的发展决定形式或迟或早发生变化。其次是形式反作用于内容，适合于内容的形式，对内容的发展起着积极的推动、促进作用；不适合于内容的形式，则对内容的发展起着消极的阻碍、破坏作用。要真正做到一切从实际出发，实事求是，就必须要着眼于事物的内容，依据事物的内容及其发展而不断地改造形式，使形式适合于内容。

3. 分清实际中的主流与支流，把握事物的主流

"实际"是在运动过程中存在的。这个运动过程中，有主流，有支流；有占主导地位的方面，有占次要地位的方面。为了科学而合理地设计自己的人生道路，就要认识实际中的主流与支流，把握事物发展过程中的主要矛盾与次要矛盾，抓住实际的主要矛盾。

4. 分清实际中的偶然与必然，把握事物的必然

必然是由事物自身的本质或根据决定的，是事物的运动过程中所具有的确定性联系；偶然则是事物运动过程中的非确定性联系。“实际”中的任何事物、任何过程都是偶然性与必然性的统一。没有脱离偶然性的必然性，必然性要通过偶然性表现出来；也没有脱离必然性的偶然性，被视为偶然性的东西背后总是隐藏着必然性。在现实生活中，我们所面对的总是大量的“突如其来”的偶然现象，使人感到“乱花渐欲迷人眼”“一头雾水”，而往往忽视了其中的必然性。因此，我们应当正确把握偶然性与必然性的关系，由偶然性深入必然性，从而正确地选择和设计自己的人生道路。

从一定意义上说，人生道路的选择、人生境界的高低取决于人对实际的理解和把握。不能正确理解和把握人与自然的关系，就不能真正理解生命的宝贵和伟大；不能正确理解和把握人与社会的关系，就不能真正理解人生的价值和意义。在现实生活中，我们每个人都面临着自己的实际。一切从实际出发，实事求是，不仅是我们想问题、办事情的基本要求，也是我们正确选择和设计人生道路的基本前提。

（二）人生发展的现实性与可能性

一切从实际出发，实事求是，是正确选择和设计人生道路的前提。实际既包括客观对象的实际，也包括人自身条件的实际。

1. 客观对象的实际

所谓客观对象的实际，是指存在于人自身之外的，作为个人认识和改造对象的客观事物、客观关系；人自身条件的实际是指个人自身所拥有的条件，如自然禀赋、知识结构等。现实中，我们每个人都生活在不同的环境中，拥有不同的发展机遇；每个人都具有不同的自然禀赋，在体能、智商、性格等方面有着明显差异。因此，每个人都面临着不同的实际。实际构成了个人人生选择的前提，影响和制约着个人的人生选择。

人生选择的现实性和可能性，为人生选择提供了机遇，同时又提出了挑战。因此，要从实际出发把握机遇，勇于迎接挑战。客观实际是人生选择的前提和基础，它既包括对象的实际，也包括人自身条件的实际。

2. 对象的实际

所谓对象的实际，即可供主体选择方面的情况，根据选择的对象不同要了解的内容也不同。例如，要去一个地方，你就要了解这个地方在哪个方向、路程有多远、有哪些路线、乘坐什么交通工具能够到达等；要交一个朋友，你就要知道对方的性格特点、兴趣爱好、人生经历、交友范围等；要选择一份工作，你就要清楚被选择的企业在什么地方、规模大小、企业性质、生产产品、企业环境及企业文化、工资待遇、企业需求以及发展趋势等。总之，当我们面临人生选择的时候，一定要清醒地认识我们所处的环境，知道我们在选择什么，知道我们选择对象的各方面实际情况，只有这样才能保证我们做出正确的选择。否则，我们的选择将是盲目的，而盲目的选择会将我们引向失败的陷阱。

3. 自身条件的实际

所谓自身条件的实际，就是选择主体自身的实际情况，包括自身体魄、品德、知识和能力等。只有正确认识自己，才能在现实生活中找准自己的位置，进而做出正确的认识和选择。反之，不了解自己，过高估计自己或盲目自卑都将不利于自己的人生选择。

（三）个人发展的可能性与现实性

实际影响和制约着个人的人生选择。不同的人往往具有不同的自身实际，面临着不同的对象实际，实际的多样性为个人的发展提供了多种可能性。正因为个人的发展具有多种可能性，才有人生选择的问题，才有如何实现个人发展的问题。

所谓可能性，是指蕴含在事物中的发展趋势，是潜在的、尚未实现的存在；现实性是指一切实际存在着的事物，是事物的当下存在。在事物发展过程中，往往存在着多种可能性，但在一定的条件下，只有一种可能会转变为现实。当这种可能转变为现实之后，在一定时期内，其他种种可能都难以转变为现实。我们每个人的发展也面临一个正确处理可能与现实的关系问题。

人生发展的可能性与现实性是对立统一的。可能不等于现实，现实也不是可能。现实作为当下的存在，标志着事物的现状，着眼于现在；可能作为事物的潜在趋势，标志着事物的发展方向，着眼于未来。因此，可能与现实具有质的区别。就这一点而言，可能与现实是对立的。可能与现实又是统一的：可能包含在现实之中，是潜在的、没有展开的现实；现实是充分展开并已经实现的可能。现实之所以成为现实，首先是可能的，有着潜在的并发展成为现实的因素和根据；现实又包含着新的可能，潜蕴着事物的未来发展方向。人的发展就是一个可能与现实相互转化，即在现实中不断产生出可能，可能又不断变为现实的过程。在现实生活中，我们每个人都要在人生发展的多种可能中选择适合自己发展的人生道路。

人生发展的可能性向现实性的转化，需要一定的客观条件和主观条件。当可能向现实转化的客观条件已经具备时，实现这种转化就需要主观努力，需要创造有利于自身发展的条件，如营造良好的人际关系，提高自身的素质和能力等。为此，首先要从客观条件的角度对可能向现实的转化进行分析，看其根据是否充分，条件是否具备；其次要从主观条件的角度对可能向现实的转化进行目的、手段、结果分析，并通过实践活动，使可能转化为现实，从而选择适合自己的人生道路。

（四）正确选择适合自己发展的人生道路

面对发展的种种可能性，我们每个人都应当从实际出发，选择符合对象实际、适合自身条件的人生道路。

第一，要学会选择。学会选择，需要实事求是地分析自己所面对的社会关系、社会需要等对象实际；需要实事求是地分析自己的兴趣爱好、知识结构、能力素质等自身实际。只有正确认识这些因素对自己人生选择的制约，真正把握这些因素为自己的人生发展所提供的可能性，才能选择适合自己的人生道路。

资料小看板

秦明(化名),耶鲁大学毕业。2011 年,到衡山县贺家乡任大学生村官,为当地改善水利灌溉,改造道路、安装路灯,修建现代化敬老院,并为乡村师生配备平板电脑,开展信息化教育系统。2013 年被央视评为“最美村官”,立个人一等功一次。2014 年服务期满,秦明认为“输血”并非可持续的乡村发展模式,于是,放弃提拔机会,转至白云村续任大学生村官,用“造血”建设乡村。他带领村民创办农民专业合作社,发展山茶油产业,通过创业创新为当地创造可持续发展动力。为吸引更多优秀人才服务乡村,秦明与同学发起了“黑土麦田公益”项目,招募、支持优秀毕业生到国家级贫困县从事精准扶贫和创业创新。

2017 年,近 30 名来自清华、北大、复旦、人大、中国社科院等院校的“乡村创客”在 15 个村庄开展产业扶贫与创业创新,得到当地政府与村民好评。

第二,要善于选择。善于选择,需要扬长避短、量力而行、把握时机。在选择自己的人生道路时,要充分考虑并妥善处理个人想干什么、能干什么和客观条件允许干什么这三者的关系,慎重对待,择善而从。

典型案例

中职机电专业毕业的小赵,受广告宣传的影响,回家后在镇上开了一家高档名牌服装店。可是,开张之后,看的人多,买的人少,一个月下来,赔了 8000 多元。经过调查才知道,小镇上居民的收入不高,消费水平上不去,而且自己对服装市场比较陌生,进货渠道、经营成本以及服装的质量和款式都把握不准。经过反复考察,他改行开了一家农机维修部,由于符合自己所学专业,适合当地农民的实际情况,很快就站稳了脚跟。后来,他还外出学习掌握了农机改造技术,更好地满足了农民的特殊需求,生意越做越红火。

案例分析:人生处处有选择,不同的选择会产生不同的结果。成功的人生,在于做出了正确的选择,而失败的人生大都因为做出了错误的选择。要做出正确的选择,把握自己的人生命运,就必须从客观实际出发,选择适合自己的人生道路。

第三,要正确理解和把握不能与不为的关系。不能与不为,归根结底,是是否按规律办事、是否量力而行的问题。任何一个人,一旦逆规律而动,最终都会失败。不能为而强为,能为而不为;不应为而为,应为而不为,都是违背规律的。同时,并不是不能之事永远不能做,随着条件的变化,一些在当时被认为是不能之事,后来会变成可能、可为之事,不能是相对的、变化的。在飞行器发明之前,人在天上飞,肯定如“挟太山以超北海”般是不能的;飞行器发明之后,人在天上飞却是可能、可为的。

典型案例

有一天，以色列驻美大使受以色列总理之命向爱因斯坦打电话，试探性地问："教授先生，我想请问一下，如果提名您当总统候选人，您愿意接受吗？"爱因斯坦从容地答道："哦，大使先生，我这样的人，怎么配当总统呢？关于自然，我算是了解一点，可关于人，我几乎一点也不了解！"接着爱因斯坦央求道："请您向报社解释一下，帮我解解围。您可知道，这些日子我这里太不安宁了。"

"教授先生，已故总统魏茨曼是您的老朋友，他也是教授啊。我想您完全能够胜任。"

"不，魏茨曼同我不一样。"爱因斯坦语气坚决地说，"他能胜任，而我不能！"

"教授先生，每一个以色列公民，不，全世界每一个犹太人，都在期待着您呢！"

"那我怎么办呢？"稍停片刻，他叹息着说，"唉，看来我要使他们失望了。"

过了几天，大使亲自驱车前往爱因斯坦寓所，他带来了以色列总理的亲笔信。当爱因斯坦看到信上说他已经正式被提名为总统候选人时，连连摇头说："不，不，我早就说过，我当不了总统！"

尽管大使再三劝说，始终没能改变爱因斯坦的决定。

案例分析：正视现实其实是在不为的同时知道什么可为，爱因斯坦为我们树立了光辉的榜样。

我们要正视现实，立足现实，准确把握人生发展方向，选择适合自己发展的人生道路。

人生感悟

中国商飞上海飞机制造有限公司高级技师胡双钱（见图1-1），从小就喜欢飞机。小时候，为了看飞机，他不惜从家步行两个多小时走到机场附近，躲在跑道边的农田里看飞机起落。他从技工学校毕业后进入商飞公司。一进公司，学钣铆工的他就被分配到和专业不对口的机加车间钳工工段。同他一起到商飞公司工作的人后来由于种种原因陆陆续续离开了公司，但胡双钱选择了留下。他开始了自己的钳工生涯。核准、画线、锯掉多余的部分，拿起气动钻头依线点导孔，握着锉刀将零件的锐边倒圆、去毛刺、打光……这样的动作，他重复了30多年。这么多年来，胡双钱创造了打磨过的零件100%合格的惊人纪录。在中国新一代大飞机C919的首架样机上，有很多由他亲手打磨出来的"前无古人"的全新零部件。胡双钱匠心筑梦的故事被收入中央电视台播放的《大国工匠》中。

图1-1 胡双钱

胡双钱与你们一样，都是中等职业学校的学生。他的人生道路选择及职业态度对你有哪些启示？

——中国文明网

哲学与人生

思考与探索

1. 以“为什么说马克思主义哲学是我们的看家本领”为议题，探讨学好用好马克思主义哲学的意义。

2. “客观实际是人生选择的前提和基础，影响和制约着个人的人生选择。”结合这句话，谈谈你对“个人发展的可能性与现实性”的理解。

3. 如果进入实习阶段，你准备如何选择自己的实习单位呢？根据本课所学的内容，谈谈你的选择并说明理由。

第二节 物质运动与人生行动

世界上的事物不仅千差万别，而且千变万化，始终处在运动之中，运动是物质的存在方式。运动是有规律的，规律“不为尧存，不为桀亡”，从根本上决定着人的活动。在人生发展过程中，我们只有认识、把握和运用客观规律，既敢于行动，又善于行动，才能创造成功的人生。

案例导入

管延安是《大国工匠》里专题介绍的一名“深海钳工”。他以匠人之心追求技艺的极致，让海底隧道成为他实现梦想的平台。

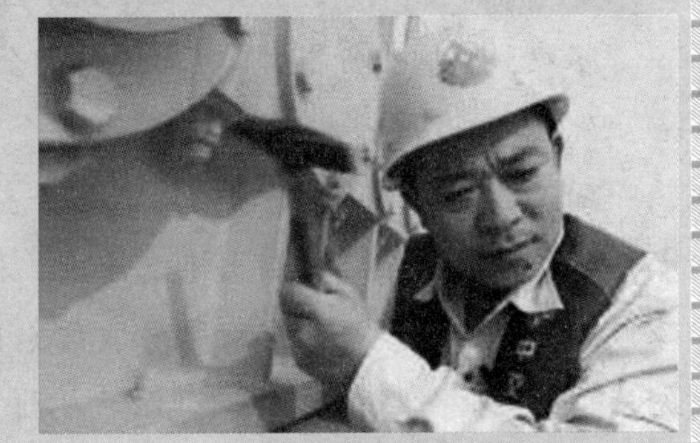

图 1-2 管延安

1996 年初，管延安跟师傅学习电机维修。一次发电机常见故障维修后，他“胸有成竹”，没有进行检查，结果发电机刚装上就又烧坏了。师傅并未责罚，可他自己却羞愧难当。他知道如果认真检查一遍就可避免这次事故。自此，维修后的机器在送走前，他都会检查至少三遍——这已经成为烙在头脑里的习惯。

管延安习惯给每台修过的机器、每个修过的零件做笔记，将每个细节详细记录在个人的“修理日志”上，遇到什么情况、怎么样处理都“记录在案”。从入行到现在，他已记了厚厚四大本，闲暇时他都会拿出来温故知新。这些“文物”里，除了文字，还有他自创的“图解”。如今他也将这个习惯传承给了徒弟。

凭着高超的技艺和精益求精的匠心，管延安成为中国“深海钳工”第一人。如今，港珠澳大桥海底隧道已经顺利通车，其中就有这位“大国工匠”精心安装的每一个设备，连接的每一条管线。

“我平时最喜欢听的就是锤子敲击时发出的声音。”走在湿热的沉管里，管延安仔细检查着安装好的设备。二十多年的钳工生涯，他不仅把钳工当作了自己的事业，也深深地体会到了其中的乐趣。

思考：管延安用实际行动成就了自己的人生，他的事迹对你有哪些启示？

——中国文明网

一、物质在运动中存在

智慧点拨

世界上的万事万物都处在运动变化之中，地球“日行八万里”，月球“有阴晴圆缺”，生物进化的过程产生了人类，人类的历史运动创造了文明……在现实生活中，有的事物茁壮成长、欣欣向荣；有的事物日薄西山、走向衰亡……

（一）一切事物都是运动的

世界上没有一成不变的事物，每一个事物都处于运动过程中。从宏观世界到微观世界，从无生命的无机界到有生命的有机界，从自然界到人类社会，无一不处在运动过程中。运动是物质的存在方式。

体验与探索

失乐园——马尔代夫

根据联合国一份报告的预测，由于全球变暖导致冰川融化，到 2100 年海平面将比现在上涨 25～58 厘米。而包括近 1 200 个珊瑚礁岛的马尔代夫（见图 1 - 3）大部分国土仅比海平面高出 1.5 米，海平面的逼近将令整个国家岌岌可危。在 2004 年的南亚大海啸中，马尔代夫一度有 2/3 的国土惨遭淹没。因此，防止被淹没一直都是马尔代夫最重要的国家政策之一。前总统穆罕默德·纳希德在接受英国《卫报》记者采访时，谈到了马尔代夫应对全球变暖的“保险政策”。纳希德说：“我们靠自身的绵薄之力是无法阻止全球变暖的，只能到别处购买土地。这是预防最糟结果的保险性政策。”

图 1 - 3　马尔代夫全景图

宇宙间的一切物质都是在不停地有规律地运动着，有规律的运动使得宇宙万物如此和谐与美妙。但宇宙间所有的运动规律都隐藏在黑暗中，需要人们去探索、去发现。自从地球上出现人类以来，这种探索活动就没有停止过。人们对周围一切事物的认识都是在事物的运动中获得的，如果没有运动或运动没有规律，就难以想象宇宙将会怎样。

（二）物质和运动的关系

物质与运动是密切联系、不可分割的。物质是运动着的物质，没有不运动的物质，而且物质只有在运动中才能发出不同的信息，才能作用于人的感觉器官，才能被人们所感觉和认识；运动是物质的运动，没有脱离物质的运动。任何形式的运动都有它的物质载体：分子是运动的载体，生命有机体是生物运动的载体，人脑是思维运动的载体，等等。离开物质谈运动，或者离开运动谈物质，都是错误的。

运动是普遍的、永恒的、绝对的。同时，物质又有某种稳定的形式，即静止的状态。但是，静止是有条件的、暂时的、相对的。之所以如此，是因为事物即使处于静止状态，其内部也在进行这种或那种运动。也就是说，不存在绝对的静止。

体验与探索

科学研究发现，月亮绕地球运转每秒移动 1 千米，地球绕太阳公转每秒要走 30 千米，太阳绕银河系运动每秒要走 250 千米，银河系又在总星系中以更大的速度运动着。光波每秒传送 30 万千米，声音在空气中每秒传播 340 米。在宏观世界中，超音速飞机每秒飞行 1 000 米，高速列车每秒行驶 120 米，燕子每秒飞行 70 米，鸵鸟每秒跑 33 米，马每秒奔跑 25 米，羚羊每秒奔跑 22 米，人每秒步行 1.4 米，蜗牛每秒爬行 1.5 毫米。

在微观世界，人的头发每秒可长 0.000 003 毫米，至于分子和原子的运动，只有用放大约 100 万倍的电子显微镜，才能发现物质内部这个永恒运动的奇妙世界。世界上找不到不运动的物质。

名人名言

没有运动的物质和没有物质的运动同样是不可想象的。

——恩格斯

物质在运动中发展。发展的实质，就是新事物的产生，旧事物的消亡。新事物不是“无中生有”，而是在旧事物的“母腹”中孕育的。新事物否定了旧事物中过时的因素，继承了旧事物中的合理因素，增加了旧事物所不能容纳的新的因素，并且有新的结构和功能，能够适应已经变化的环境和条件，因而必然产生；旧事物的结构和功能由于无法适应已经变化了的环境和条件，因而必然消亡。新事物的产生和旧事物的消亡，同样是无法避免、不可抗拒的。自然界在不断运动变化发展，人是自然界长期进化的产物；人类社会也在不断运动变化发展，经历着从低级阶段到高级阶段的演变。

（三）事物的运动是有规律的

世界是运动着的物质世界，人类探索的科技成果表明，事物运动不是杂乱无章的，而是遵循事物运动变化规律的。所谓规律，是事物内部固有的、本质的、必然的联系。这种联系不断重复出现，在一定条件下起支配作用，从而决定着事物必然向着某种趋势发展。

1. 自然界的万事万物都遵循着它自身固有的规律运动着

日出日落、昼夜循环，冬去春来、四季更替，反映了地球有规律地自转和绕太阳公转。种瓜得瓜、种豆得豆,反映了生物界的遗传规律。自然界的万事万物无不遵循着其自身的运动规律。

2. 人类社会的发展是有规律的

人类社会的发展同自然界一样,也是一个不断新陈代谢、自我更新、自我完善、自我否定的客观过程,是不依赖于人的主观意志为转移的运动过程。社会的矛盾运动过程是由低级向高级的前进性运动,这个过程受其内在的客观规律支配、由其内部所固有的矛盾所推动,任何违背社会发展规律的行动必将受到规律的惩罚。

3. 人的思维运动也是有规律的

就逻辑思维而言,概念、判断和推理是其基本形式,归纳和演绎、分析和综合是其基本方法。

因此,无论是自然界,还是人类社会,以及人的思维,其运动都是有规律性的,事物运动的规律性构建了物质世界的和谐性。

体验与探索

艾宾浩斯遗忘曲线

德国心理学家艾宾浩斯(H. Ebbinghaus)研究发现,遗忘在学习之后立即开始,而且遗忘的进程并不是均匀的。最初遗忘速度很快,以后逐渐缓慢。他认为“保持和遗忘是时间的函数”,他用无意义音节(由若干音节字母组成、能够读出、但无内容意义即不是词的音节)作记忆材料,用节省法计算保持和遗忘的数量,并根据他的实验结果绘成描述遗忘进程的曲线,即著名的艾宾浩斯记忆遗忘曲线(见图 1-4)。

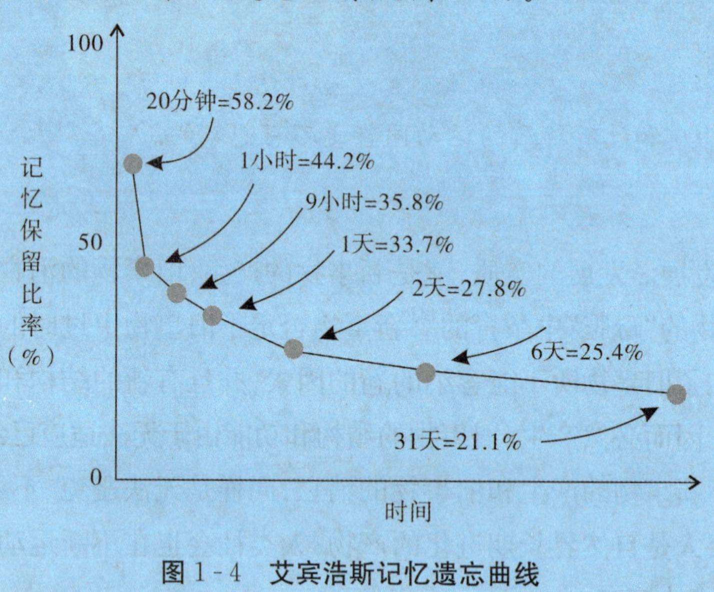

图 1-4　艾宾浩斯记忆遗忘曲线

二、人生存在于行动中

运动是物质的存在方式,劳动是人的特殊的生命活动,因而构成了人的存在方式。这就是说,人总是处在活动过程之中。但是,人的活动不同于自然运动,自然运动是盲目的、自发的,人的活动则是有意识的、自觉的。正是人的活动构成了现实的人生,行动成就人生。

(一)行动是实现人生发展的前提

恩格斯说过:“人是唯一能够由于劳动而摆脱纯粹的动物状态的动物——他的正常状态是

和他的意识相适应的而且是要由他自己创造出来的。"动物是在消极地适应环境的过程中维持自己的存在的，人则是在积极地改造环境、创造环境的过程中得以存在和发展的。换言之，人是超越一切动物的"社会动物"，是依靠行动来满足自我需要、实现自我发展的。劳动是人的特殊的生命活动，构成了人的存在方式，因此，人生发展需要自觉的行动。

名人名言

人生来是为行动的，就像火光总向上腾，石头总往下落。对人来说，一无行动，也就等于他并不存在。

——伏尔泰

(二)行动展示人生的价值和意义

动物的生命活动是维持生存的本能的活动，人的生命活动是一种寻求意义的有意识的活动。人总是为寻求意义而生活，总是为失去意义而焦虑。人与动物的区别，不仅在于有生的追求，而且在于有死的自觉。正是由于自觉到"死"这个无法逃避的归宿，人们便产生了对"生"的价值与意义的追问与追求。而要追求人生的意义和价值，就要行动。个人如何行动，意味着个人如何创造自己的价值，如何展示自己存在的意义，如何实现自己的人生发展。正是通过自己的行动，一些理发师、修鞋匠、店员等"小人物"，在惊心动魄的法国资产阶级革命中成长为将军和领袖；也正是通过自己的行动，一些放牛娃、普通学生等"小人物"，在波澜壮阔的中国新民主主义革命中成长为将军和领袖。个人的自我发展只能通过行动来实现，人生价值和意义也只能通过行动来展现。

典型案例

美国汽车大王亨利·福特，在12岁的那一年，随着父亲驾着马车到城里，偶然间见到一部以蒸汽作动力的车子，他觉得十分新奇，并在心中想着：既然可以用蒸汽作动力，那么用汽油应该也可以，我要试试！

虽然是个遥不可及的梦想，但是从那时候起，他便为自己立下了10年内完成一辆以汽油作动力的车的志向。

他告诉父亲说：我不想留在农场里当一辈子农民，我要当发明家。

于是，他离开家乡到工业大城底特律去，当一名最基本的机械学徒，逐渐对于机械有了更深入的认识。工作之余，他一直没有忘记自己的梦想，每天劳累地从工厂下班后，仍孜孜不倦地从事他的研发工作。

29岁那年，他成功了。在试车大会上，有记者问他：你成功的要诀是什么？福特想了一下说："因为我有远大的目标，所以成功。"

案例分析：成功，需要及早设定目标，更需要努力去实现。我们每个人都有许多梦想，但是许多年过去了，因为没有行动，梦想变成了空想。福特不只有梦想，更有行动，并且持续了17年，所以他成功了。让我们用行动去完成我们的梦想吧！

（三）人是能动的自然存在物，劳动构成了人特殊的生命活动

与不少通过消极地适应自然界而生存的动物不同，人是通过劳动能动地改造自然界而生存的。人的一切都是人自己创造的。人具有能动性和创造性，能够把客观存在的可能性转化为自己的需求和目的，然后通过行动去实现。这就是所谓的自我实现。从本质上看，人的自我实现无非是人的自我创造，是人通过自己的行动创造了自我，创造了自己的人生价值。动物的行动方式就是它们的本能活动，与此不同，人的行动方式是有意识、追求意义的活动，是个人创造和展示自己人生价值和意义的过程。

三、人生行动要遵循客观规律

（一）人是可以认识运动规律的

事物运动是有规律的

事物之间存在着不同的联系，人们在认识和改造世界的过程中，逐渐发现事物的联系有的是表面的，有的是本质的；有的是偶然的，有的是必然的；有的是暂时的，有的是稳定的。其中，只有那些本质的、必然的、稳定的联系，才能决定事物的运动过程和发展方向。所谓规律，就是事物运动过程中本质的、必然的、稳定的联系。规律作为事物的本质的联系，渗透在一切现象之中；作为必然的联系，在事物的运动过程中处于支配地位，决定着事物发展的方向；作为稳定的联系，体现为重复性，即只要具备一定的条件，某种合乎规律的现象就会重复出现。

体验与探索

“八月十八潮，壮观天下无。”这是北宋诗人苏东坡咏赞钱塘江秋潮的千古名句。千百年来，钱塘江以其壮观的江潮闻名天下。钱塘江大潮（见图1-5）的形成受“天时”“地利”“风势”三大因素影响。

天时：农历八月十八日前后，太阳、月球、地球几乎在同一直线上，这时海水受到的引力最大。

地利：钱塘江入海口状似喇叭形，潮水易进难退。

风势：浙江沿海一带夏秋之季常刮东南风，风向与潮水方向大体一致，助长了潮势。

图1-5 钱塘江大潮

较之自然界的运动规律，人类社会的运动规律则更为隐蔽。因为人类社会是由人组成的，社会的发展离不开人的活动，而人的活动必然受到人的目的、愿望、动机的制约。唯心主义者没有真正揭示人类社会的运动规律，他们夸大了人的意识，特别是英雄人物的意识在社会运动中的作用，把人类社会的运动归功于个别英雄人物的意志。唯心主义的错误在于只见现象，未见本质，只关注人的思想、意识、动机愿望，而忽视了产生人的思想意识、动机愿望的物质根源，从而否定了人类社会运动的客观规律性。马克思主义哲学第一次科学地揭示了人类社会运动的客观规律性，即人类社会的发展是由物质力量即生产力的发展所决定的，生产力的发展水平和发展要求决定着社会的发展。人们既不能随心所欲地选择生产力，也不能随心所欲地发展生产力，生产力的发展有其自身的客观规律，生产力的发展决定了社会的生产关系和其他社会关系，也决定了社会的政治制度、阶级关系和其他思想关系。这样，社会就在生产力发展的客观基础上向前发展。任何英雄豪杰只有顺应社会生产力发展的要求，才能把社会推向前进，否则只能对社会发展起阻碍和破坏作用。

名人名言

把简单的事情考虑得很复杂，可以发现新领域；把复杂的现象看得很简单，可以发现新规律。

——牛顿

（二）人生行动要符合客观规律

任何规律都是客观的，既不能人为创造，也不能人为消灭，一个社会即使探索到本身的运动规律，也不能跳过其自然的发展阶段。规律是事物本身所固有的，不管人们是否认识到、主观上是否承认或喜欢，它都存在并发生作用，这就是规律的客观性。鸟在天空中飞翔，依据的是鸟本身的生理结构。人本身不能飞翔，但人制造的飞机却可以在天空中飞翔，而且比鸟飞得更高。问题在于，飞机能够上天飞翔，依据的不是人的主观意识，而是客观的空气动力学规律。

与自然规律相同，历史规律也是客观存在的；与自然规律不同，历史规律形成、存在并实现于人的活动之中。没有商品生产就不存在价值规律；没有资本主义生产就不存在剩余价值规律；没有战争就不存在战争规律……这正是历史规律的特殊性。但是，这并不意味着历史规律是主观的。人的活动都是在确定的历史条件下进行的，尽管这种确定的历史条件可以被新一代人的活动所改变，但这些历史条件预先规定了新一代人活动的性质和特点。

同时，在新一代人的活动过程中，个人活动相互制约、相互冲突、相互交错，融合为一个总的合力，形成一种整体的不以人的意识、意志为转移的力量。这个整体的，不以人的意识、意志为转移的力量就是历史规律，即社会发展规律。历史规律一旦形成就反过来制约人的活动，决定社会发展的总体趋势。

运动的客观规律揭示了事物运动发展过程中的必然趋势，预示着事物未来的状况。因此，当个人的活动顺应事物运动发展趋势，符合事物的发展规律时，其行动就易获得成功。而当个人的活动违背事物运动发展趋势，不符合事物发展规律时，其行动就必然遭到失败。

典型案例

西班牙占领古巴初期，殖民者看到种植咖啡树有巨大的经济效益，于是，纷纷拓展自己的庄园，大量种植咖啡树。这时，他们遇到了两个难题，其一是地域狭小，其二是土质不肥沃。西班牙的种植场主就想出了一个自以为完美的计划，将山坡上的森林全部烧毁，认为这样既有了土地，又有了肥料。然而，好景不长，大雨很快就冲掉了毫无遮盖的沃土而留下赤裸裸的岩石。最后，连原来开垦的土地都不能种植了。

案例分析： 可见，不符合自然规律的行为，不但给自然界带来很大破坏，而且不能实现人的愿望。

四、敢于行动，善于行动

（一）勇敢走出自己的人生路

历史规律决定着社会发展的方向和总体趋势，但并不能直接决定人的行为。如果历史规律能直接决定人的行为，那就意味着人的行为都是符合规律的。事实上并非如此。人的行为可能符合规律，也可能违背规律。直接决定人的行为的，是人的动机和目的，规律的决定作用往往表现在人的目的实现的可能性上。

在客观规律与人的活动的关系上，规律的客观性表现为规律的存在和发生作用不以人的意识、意志为转移。规律的客观性决定了人们的行动一旦违背规律，就会受到规律的惩罚。同时，人不是消极被动的，人们可以认识、把握和运用规律，并依据事物固有的属性，通过改变条件而改变规律起作用的方式。因此，人们应以客观规律作为人生行动的“向导”，敢于行动，善于行动。

（二）要按照事物的法则做事

人的活动与客观规律的关系就如顺水行舟与逆水行舟的关系。顺水行舟，人感受不到水的力量；逆水行舟，则很容易感受到水的力量。规律的客观性表现在人们行动的结果中。当人们的行动符合规律时，规律的客观性表现为人们预期目的的实现；当人们的行动违反规律时，规律的客观性表现为人们行动的破坏性，甚至产生灾难性的后果。

名人名言

顺理而举易为力，背时而动难为功。

——《晋书》

我们不仅要敢于行动，而且要善于行动。要善于行动，就要把自己的行动目标建立在客观规律的基础上。在行动过程中，我们要依据事物固有的属性，通过改变条件而改变规律起作用的方式，使自己的行动既合目的性又合规律性。社会发展是人们不断修正自己的目的的过程，而不是修正规律的过程。我们应根据规律不断修正目的，从而使自己的目的更接近现实并不断转化为现实。

人生感悟

铣工王刚(见图 1-6)用双眼和双手以极限精度的水准,为国产战机打造大梁。王刚还是六七岁的孩子时,心中便有一个飞机梦。他尝试着折纸飞机、制作铁飞机,一次次失败,又一次次尝试。1996 年中考时,成绩优异的王刚毫不犹豫地直接报考了沈飞技校。王刚学习的是铣工专业。实习时,他选择了沈飞最大的结构件生产厂——数控机床加工厂。毕业时,他更是不假思索地选择了数控机床加工厂。王刚住在沈飞的职工宿舍,每天晚上加班成为他的常态。入厂不到一年,王刚就接到了最大的一件活儿,做飞机的前大梁。王刚的师傅把生产任务接了下来,把万能铣的部分交给了他。从 2000 年开始,王刚开始挑大梁,一干就是十年。他做的工件没有一件出问题。甚至多年过后,飞机回厂检修,他一眼就能看出哪个部件是经他手做的。王刚的技术日日精进,2007 年第一次参加职工技能大赛就获得了全市第二名,2008 年参加“振兴杯”全国青年职工技能大赛,拿到铣工组冠军,2012 年参加第四届全国职工技能大赛,又一次拿到了铣工组冠军。2012 年,中航集团首次评选高级技师,王刚获得了“首席技能专家”称号,享受专家级待遇。王刚用自己的行动实现了自己的梦想!

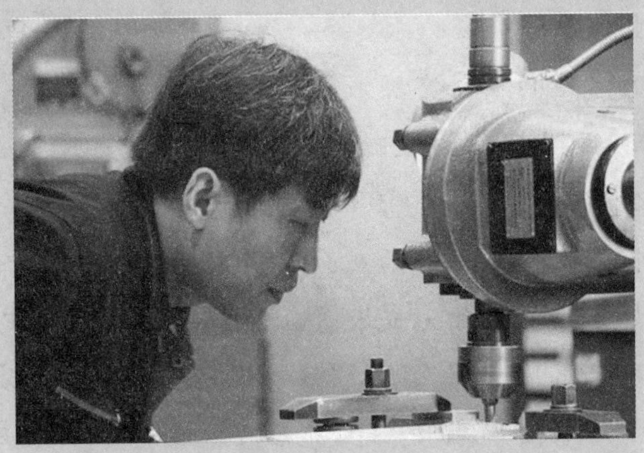

图 1-6 铣工专家王刚

——中国文明网

思考与探索

1. 举例说明中职生如何在学习和生活中做到“敢于行动,善于行动”。

2. 以“选择职业为什么既要从实际出发又要追求远大理想”为议题,探讨物质与意识的辩证关系。

3. “对牛弹琴”这个成语讽刺的是弹琴者不看对象,白费工夫。现代科学却证明,定时给奶牛放音乐,能使奶牛产奶量增加。请运用认识规律、遵循规律的相关观点予以说明。

主观能动与自强不息

第三节　主观能动与自强不息

人类主观能动性的发挥使这个世界发生了并正在发生巨大的变化。在人生选择、实践和创造的过程中，我们不仅要认识和把握事物运动的客观规律性，而且要认识和发挥人活动的主观能动性，自觉地把尊重客观规律性和发挥主观能动性有机结合起来，激发自我潜能，有所作为，自强不息地走好人生路。

案例导入

朱丽华（见图1-7）出生在嘉兴市秀洲区油车港镇，曾经同许多小镇姑娘那样，过着简单的日子，有着平凡的生活，有着青春的梦想。她学习成绩名列前茅，有着体育特长，如果不是双目失明坠入黑暗，也许她会开启不一样的人生。

图1-7　朱丽华

然而，生活没有也许，她的世界突然成了黑暗一片。双目失明后，她曾经用7年时间蹉跎人生，终于在张海迪的故事里找到了人生方向。1985年，她参加了浙江省首届中医推拿培训班，毕业后被分配到嘉兴市福利院照料脑瘫儿童。之后，她完成进修，成为嘉兴首个盲人中医师。

她创办了南湖区丽华推拿诊所，只招收残疾人，先后向100多人免费传授了推拿技术，让他们有尊严地活着。她资助寒门学子，先后480次的资助，照亮孩子们的未来，改变了他们的命运。

近30年的爱心路上，她从未止步。每一年，她捐赠的数字都在不断被刷新。南湖革命纪念馆筹建、汶川大地震等每一个重要的节点和关键处，总少不了她慷慨解囊的场景。到2019年底，她已经捐赠了373万元。

新冠肺炎疫情发生后，她第一时间通过嘉兴市红十字会向疫情最严重的武汉捐款3万元，又通过市残联向全市1.1万名低保残疾人捐赠口罩11万只。到2020年2月底，她的捐款金额已经高达389.2万元。

思考：看了朱丽华的故事，你想对自己说的一句话是什么？

——中国文明网

一、正确发挥主观能动性

智慧点拨

人的主观能动性的发挥，使人在整个世界中具有特别的地位和意义，人不仅是自然界的一部分，而且从自然界中分离出来形成了人类社会。要正确发挥主观能动性，必须正确处理客观规律同主观能动性的关系，尊重客观规律和发挥主观能动性是辩证的统一。

(一)主观能动性概述

主观能动性是指人的意识通过实践对客观世界的能动反映以及对客观世界的认识，进而用这种认识来指导实践达到改造世界的目的。这样一种有计划、有目的，自觉认识世界、改造世界的特性，就叫主观能动性。

具有主观能动性是人区别于动物的根本特点。动物之于自然，只知道索取和利用，而人则有很大的不同，正如马克思所说："蜘蛛的活动同织工的活动相似，蜜蜂建筑蜂房的本领使人间的许多建筑师感到惭愧。但是，最蹩脚的建筑师从一开始就比最灵巧的蜜蜂高明的地方，是他在用蜂蜡建筑蜂房以前，已经在自己的头脑中把它建成了。"

名人名言

思想等等是主观的东西，做或行动是主观见之于客观的东西，都是人类特殊的能动性。这种能动性，我们名之曰"自觉的能动性"，是人之所以区别于物的特点。

——毛泽东

1. 人是能动地认识世界而不是被动地反映世界的

认识是人脑对客观事物的反映，但这种反映不是消极的，而是积极的；不是被动的，而是能动的。认识的本质是人们在实践活动的基础上对客观事物的能动的反映。在认识活动中，人们不仅能反映事物的现象，而且能揭示事物的本质和规律；不仅能反映事物的现状，而且能追溯事物的过去，预见其未来；既能看到事物的存在，又能看到事物的意义。我们不仅看到了"大地、海洋"，而且看到了"苍茫"的大地、"浩瀚"的海洋；不仅看到了"太阳、月亮"，而且看到了"旭日"和"夕阳"，看到了"皎洁"的月光、"凄凉"的月光；不仅看到了人的"生与死"，而且看到了"有的人活着，他已经死了；有的人死了，他还活着"……认识活动是一个能动的不断创造的过程。

智慧点拨

人要想干事，会干事，干成事，必须有一个过程。干事前，须搞好调研，抓好谋划，明确干事的目标、措施和要求。干事中，须把握事物发展的内在规律，抓好组织协调，明确工作重点，把握重要环节，并善于发现新情况、新问题，及时提出新对策、新办法。干事后，须有评价反馈，听一听他人的反映，看一看办事的效果，及时总结经验教训。

2. 人是能动地改造世界而不是被动地适应世界的

人的自觉能动性的最突出表现，就是对客观世界的改造。人的实践活动是一种既按照事物的运动规律，又按照自己的内在需要而进行的有目的的活动。正是通过实践活动改造客观世界，人的观念才变为现实，意识才变为存在，使客观世界发生合乎人的目的的变化；正是通过实践活动改造客观世界，人们才创造出像铁路、电话、计算机、航天器等这些自然界本没有的东西，使我们周围的世界发生了巨大的变化。人的自觉能动性集中表现在：只有人才能够自觉地设定活动的目的，预先在观念中创造出理想的存在，然后通过自己的实践活动把它变成现实的存在，从而创造出属于人的世界。

体验与探索

青藏铁路（见图 1 - 8）的建成通车就是人类改造自然的一个奇迹。在许多外国人看来，西藏根本没办法修铁路，那里有 5 000 米高的山脉要攀越，有绵延上千公里、根本不可能支撑铁路和火车的冰雪和软泥，有零下 40℃的低温和稀薄的氧气，在这种地方怎么能架桥铺轨呢？然而，在这种极端复杂的条件下，我国建设者们相继攻克了浅埋冻土隧道进洞、冰岩光爆、冰土防水隔热等 20 多项世界性高原冻土施工难题，在施工中大胆使用新设备、新材料、新技术、新工艺，依靠科学技术创造了一个个世界之最。

图 1 - 8　青藏铁路

3. 人的生命活动是自觉的、能动的活动，而不是本能的、被动的活动

动物的生命活动是本能的活动，蜜蜂永远酿蜜，蜘蛛永远织网，老鼠永远打洞……动物可以“认定”，但动物没有意识，不会在思考中认定。人同样具有本能，但人的本能是“被意识到的本能”，因而人是在思考中认定。更重要的是，人能够把自己的生命活动变成自己的意识的对象，即人能够意识到自己的本能，意识到自己的生命活动，具有意识和自我意识，并根据这种意识和自我意识进行生命活动。因此，人的生命活动是自觉的、能动的活动，是超越本能的有意识的创造性活动。有意识的生命活动直接把人跟动物区别开来。

资料卡片

“一带一路”是“丝绸之路经济带”和“21世纪海上丝绸之路”的简称。2015年3月28日，国家发展改革委、外交部、商务部联合发布了《推动共建丝绸之路经济带和21世纪海上丝绸之路的愿景与行动》。“一带一路”将把中国发展的能动性与外部世界发展的需要连接起来，把各国的国内规划与外部的建设连接起来，把本国资源能力与国际融资支持连接起来，同时将把世界的多样性和各国的差异性转化为促进联动发展的活力和动力，成为全球经济走出低迷的重要引擎，在“一带一路”这个大平台上实现共谋发展、共同建设和共享红利。走共建和平、繁荣、开放、创新、文明之路，体现了“新型合作发展”的中国智慧。

(二)尊重客观规律与发挥主观能动性

规律的客观性与人的自觉能动性的辩证关系，要求我们在认识世界和改造世界的过程中，在人生发展的道路上，必须把尊重客观规律与发挥自觉能动性有机地结合起来。

1. 尊重客观规律与发挥主观能动性是辩证的统一

(1)尊重客观规律是正确发挥主观能动性的前提。客观规律是事物内在的、本质的、必然的联系。它是事物本身所具有的，是不以人的主观意志为转移的。因此，无论是认识世界还是改造世界，都必须遵从客观规律，按照客观规律办事，否则意识的能动活动就是盲目的，就不能正确认识世界和改造世界。

典型案例

拔苗助长

宋国有一个农夫，他担心自己田里的禾苗长不高，就天天到田边去看。可是，一天、两天……禾苗好像一点儿也没有往上长。他十分焦急。有一天，他终于想出了“办法”：把禾苗一棵棵地拔高。他从早上忙到傍晚，筋疲力尽。回到家里，他告诉儿子：“我帮禾苗长高了一大截。”他的儿子听了，急忙跑到田里看，禾苗全都枯死了。“拔苗助长”(见图1-9)这个成语由此而来，比喻不顾事物发展的规律，强求速成，结果反而把事情弄糟。

图1-9 拔苗助长

案例分析：人生也是如此，行动必须遵循规律！

(2)充分发挥人的主观性是认识和利用客观规律的必要条件。规律是深藏在事物现象背后内在的东西,它不会自动反映到人脑中,是人的感性认识所不能达到和把握的。只有充分发挥主观能动性,才能认识和揭示规律。在实践中,按客观规律办事也不是一帆风顺的,总要克服各种各样的困难和阻力,总要经过许多中间环节才能实现。因此,利用规律也离不开主观能动性的发挥。

2. 正确发挥人的主观能动性

意识的能动作用一般有两种不同的性质和结果。第一,正确反映客观事物及其规律的意识,能指导人们采取正确的行为,对事物的发展起积极推动作用;第二,由于认识的局限性,或错误思想的影响和短视的眼光,以及对狭隘利益的追求等,使人们用错误的意识指导实践,就会在改造世界的活动中遭到失败,对事物的发展起消极的阻碍作用。那么,怎样才能正确发挥人的主观能动性呢?

首先,尊重客观实际及事物运动的客观规律,准确把握事物的发展趋势,根据事物发展的需要,创造有利于事物发展的条件,从而促进事物发展。人们也可以利用对规律的认识,改变或创造某些条件,限制某些规律发生破坏作用的程度和范围,变不利为有利。

其次,意识能动作用的实现依赖于一定的物质条件和手段。

名人名言

登高而招,臂非加长也,而见者远;顺风而呼,声非加疾也,而闻者彰。假舆马者,非利足也,而致千里;假舟楫者,非能水也,而绝江河。君子生非异也,善假于物也。

——荀子《劝学》

实践证明,谁掌握了先进的技术和设备,并善于使用,谁就能发挥更大的能动性。机械设备使人的体力得以延伸;天文望远镜、航天探测器,以及电子显微镜使人的视力得以延伸;计算机、互联网+则使人的智力得以延伸,这些工具的使用,极大地增强了人的主观能动性。

再次,意识能动作用实现的根本途径是实践,不论人的思想如何伟大,只有经过实践才能变成现实。

人既是思维的动物,又是实践的动物。人的一生有没有意义,不是看他的想法有多好,关键是看他能不能把自己的想法变成现实,人生的意义就在于实现自己想法的行动过程之中。因此,行动是人生活的关键环节,让我们行动起来,让我们的价值在行动中得到实现。

(三)在发挥主观能动性的过程中实现自我发展

实现自我发展需要正确地认识自己,了解自己的个性和特长,明确自己的发展方向,能动地改造自我;同时,需要正确地认识自己所处的客观环境,认识和把握客观规律,能动地改造环境。

这一过程的实现与完成,就是培养自己的自觉性、自信心,不断发挥自觉能动性的过程,也是自觉地实现自我发展的过程。

资料卡片

培养自信的方法

培养自信，首先要了解自己，知道自己的长处，增强自我意识；同时，要知道自己的不足，不断充实自己的知识，提高自己的能力，弥补自己的不足。

阅读成功自励的书籍，借鉴他人成功的经验，以及获得成功的思维方式，从中找到勇气和力量。

学会积极思考，制订切实可行的目标，然后逐步分解目标，一件一件地尝试去做。从积极的方面看待人和事，经常对自己说："我能行！""我能做得更好！"

人的自我发展是有条件的。人们总是在一定的社会关系和文化传统中进行活动，在这个意义上，人是"被动"的，是历史的"剧中人"。人又是历史的"剧作者"，人的一切都是由人来实现的。人具有自觉能动性，能够把客观的可能性转化为自己的需求和目的，然后通过自己的行动去实现，这就是自我实现。人的自我实现实际上是人的自我创造，是人通过自己的行动创造自己所需要的东西，实现自我发展。

人不是一块石头、一个树根、一团泥土，可以任凭设计，人也不可能完全按照自己的意图来塑造自己，但是，人的主观努力对于把自己造就成什么样的人，具有重要作用。人的自我，包括品德、智慧、能力是个未定数，是在实践活动中发现、创造、获得和积累的。因此，实现自我发展需要具备良好的精神状态，需要以积极、主动和进取的态度展开行动，发挥自觉能动性，以智慧和勇气去面对人生的逆境或困境，在推动社会发展的过程中创造自我，实现自己的人生价值。

要在发挥自觉能动性的过程中实现自我发展，就既要反对唯意志论，又要反对宿命论。唯意志论的错误在于，它忽视了规律的存在及其客观性，不理解规律决定事物运动的性质和方向，决定着人活动的性质和方向。人的意识、意志、活动始终是受规律制约的，再坚强的意志如果违背规律也不可能实现。宿命论的错误在于，它忽视了人的自觉能动性，不理解人能够认识、把握和运用规律，从而获得自由决断和行动的能力。人们做某件事、从事某种活动，由寸步难行到如鱼得水，由无所适从到运用自如，区别就在于，是否认识和把握了客观规律，并是否在行动中运用了客观规律。

二、树立正确的世界观、人生观和价值观

作为一个人来说，世界观又总是和他的理想、信念有机联系起来的，世界观总是处于最高层次，对理想和信念起支配作用和导向作用；同时世界观也是个性倾向性的最高层次，它是人的行为的最高调节器，制约着人的整个心理面貌，直接影响人的个性品质。可以说，世界观决定一个人的价值观和人生观。

价值观是指人对客观事物的需求所表现出来的评价，它包括对人的生存和生活意义即人生观的看法，它是属于个性倾向性的范畴。价值观的含义很广，包括从人生的基本价值取向到

个人对具体事物的态度。人生观被认为是对人生的意义和目的的根本观点。一个人的世界观是否正确，将直接影响其价值观和人生观。

世界观、人生观和价值观三者是统一的：有什么样的世界观就有什么样的人生观，有什么样的人生观就有什么样的价值观。

世界观是社会意识和对社会存在的反映，任何世界观的形成和确立，都要利用先前遗留下来的现成的思想材料，这样，新世界观和旧世界观之间就存在着某种历史的继承关系。人们认识世界和改造世界所持的态度和采用的方法最终是由世界观决定的。正确的、科学的世界观可以为人们认识世界和改造世界的活动提供正确的思路方向，错误的世界观则会给人们的实践活动带来方向性的错误。

世界观来源于人的生产和生活实践。人类从诞生之日起，为了自身的生存和发展，就必须进行物质资料的生产，并在改造自然和改造社会的实践中形成了人与人之间的各种社会关系。在实践过程中，人们逐渐形成了对世界以及人与世界的关系的看法。世界观就是人们对生活在其中的世界以及人与世界的关系的总体看法和根本观点。

人生观是世界观的重要组成部分，是人们在实践中形成的对于人生目的和意义的根本看法，它决定着人们实践活动的目标、人生道路的方向和对待生活的态度。领悟人生真谛，要对“人是什么”或“人的本质是什么”有一个科学的认识。人的自我认识既是一个古老的问题，又是一个现实的问题。在中外思想史上，许多思想家都从不同的角度提出了自己的见解，其中不乏真知灼见，为科学揭示人的本质提供了大量的思想资料。马克思运用辩证唯物主义和历史唯物主义的立场、观点和方法，揭开了人的本质之谜。他指出：“人的本质不是单个人所固有的抽象物，在其现实性上，它是一切社会关系的总和。”从而使人的本质问题在人类历史上第一次得到了科学的说明。

任何人都是处在一定的社会关系中从事社会实践活动的人。社会属性是人的本质属性，人的自然属性也深深打上了社会属性的烙印。每一个人从他来到人世的那天起，即从属于一定的社会群体，同周围的人发生着各种各样的社会关系，如家庭关系、地缘关系、业缘关系、经济关系、政治关系、法律关系、道德关系等。这些社会关系的总和决定了人的本质。人们正是在这种客观的、现实的、不断变化的社会关系中塑造自我，成为真正意义上的人，成为具有个性特征的自我。在实际生活中，人们不断面对各种各样的问题，逐渐地认识和领悟人生真谛。到了一定年龄，无论自觉与否，人都会形成与自己的生活阅历、实际体验密切相关的关于人生的根本看法、价值判断和生活态度，这就是一个人的人生观。

世界观和人生观是紧密联系在一起的。一方面，世界观决定人生观，有什么样的世界观，就有什么样的人生观。正确的世界观是正确的人生观的基础，人们对人生意义的正确理解，需要建立在对世界发展客观规律正确认识的基础之上。在这个意义上可以说，人生观从属于世界观，有正确的世界观，才能树立马克思主义的人生观。另一方面，人生观又对世界观的巩固、发展和变化起着重要的作用。如果一个人的人生观发生变化，往往会导致世界观发生变化。现实生活说明，一个人即使曾经树立了正确的世界观，在人生实践中，如果经不起拜金主义、享乐主义和极端个人主义等腐朽人生观的侵蚀，放弃了为人民服务的人生观，正确的世界观也会丧失。

自强不息与成功人生

三、自强不息与成功人生

（一）正确认识自己，发挥自我潜力

只要你肯挖掘，人的潜力是无穷的。成功者就是那些不断挖掘自己的人；失败者就是放弃对自己挖掘的人。

正确认识自我，是准确把握自我，发掘自我潜力，实现自我完善、自我超越，健康成长，以及事业成功的重要前提。一个不了解自我的人要么夜郎自大、螳臂当车，要么妄自菲薄、自暴自弃，这些都不利于自己的健康成长，给自己的学习、生活和事业带来很大的负面影响，甚至导致事业失败。

资料卡片

西班牙文艺复兴时期最杰出的现实主义小说家塞万提斯所塑造的堂·吉诃德（见图1-10），就是一个脱离实际、沉浸于幻想的人物。他把自己想象成中世纪的骑士，穿着一身曾祖留下来的破烂不堪的铠甲，提着长矛，骑着一匹可怜的瘦马，去周游世界，打抱不平。幻想让他把风车当成巨人，把小客店看成豪华城堡，把理发师的铜盆当成魔法师的头盔，把羊群当成军队，把苦役当作受害的骑士，他冲杀过去，不但没有帮助别人解除苦难，反而给人们带来灾难。这些都源于堂·吉诃德既不尊重客观实际，又不能正确认识自己，因而干出这些荒唐可笑的事。

图1-10　堂·吉诃德

那么，如何才能正确认识自己，挖掘自我潜力呢？

首先，离不开自我反省，即反身自观。多问自己“我是谁”“我要干什么”“我能干什么”“我如何干”，这四个问题实际上就是从“我的客观实际”“我的目标”“我的能力”“我的行动”四个方

面来反问、审视自己，给自己更准确的定位，找出自己与时代的差距，从而寻找提升自己的途径，进一步完善自我。

其次，要虚心听取他人意见，采纳他人建议。“以铜为镜，可以正衣冠；以史为镜，可以知兴替；以人为镜，可以明得失。”说的就是这个道理。荀子在《修身篇》中也说：“非我而当者，吾师也；是我而当者，吾友也；谄谀我者，吾贼也。”他把客观真实评价他的人当师友，把歪曲奉承他的人当贼子，因为师友帮助你了解自己，认识自我，而贼子则使你陷入迷失。

最后，在实践中认识自己，发现自己的闪光点。实践是最好的老师，只要你积极投身实践，实践便会告诉你，你更适合干什么，你的闪光点在哪里。著名美籍华人、物理学家杨振宁在谈论他的研究方向时讲：“在他（艾里逊）的实验室的 18～20 个月的经验，对于我后来的工作有很好的影响，因为通过实验，我领略了做实验的人在做些什么事情，我知道了他们的困难，他们着急一些什么事情，他们考虑一些什么事情。换言之，我领略了他们的价值观，另外对我有重要作用的是，我发现我动手是不行的，那时候我们的实验室有个笑话，说‘凡是有爆炸的地方一定有杨振宁！’”因此他没有选择去做一个实验物理学家。

总之，知人者智、知己者明，自己的命运掌握在自己的手中。让我们从正确认识自己，积极挖掘自己潜力做起，自强不息，走好人生每一步。

（二）自强不息，走好人生路

“天行健，君子以自强不息。”自强不息表现为努力向上、奋发进取、对美好未来不懈追求的精神状态。自强不息这一信念强有力地支撑着中华民族屹立于世界民族之林。在现实生活中，我们每一个人都应自强不息、知难而进、顽强拼搏。

资料卡片

洪战辉在困境中撑起了一个家庭。当年，其父从外面捡回一个刚出生 100 多天的女婴。由于家庭困难，而且其父精神状况时好时坏，其母不堪忍受，痛苦绝望地离家出走了，小战辉却用单薄而稚嫩的肩膀挑起了整个家庭的重担。经过断断续续的六年高中生涯，在 2003 年，他终于走进了大学的校园。为了照顾妹妹，他毅然把她带在了身边。生活使他早早地成熟，他也由此从一个男孩变成了困难压不到的男子汉，在生活的艰辛中学会了坚强。

第一，自强的人志存高远、执着追求，奉行的是积极的人生哲学、乐观的人生态度，满怀对成功的向往和渴望，脚踏实地、百折不挠，一步一个脚印地向着崇高的理想迈进。

第二，自强的人勇于承担责任、永不言弃，以辛勤劳动创造生活，以阳光态度对待人生，以宽广胸怀对待得失、成败、荣辱，并把对自己负责与对他人、社会负责有机结合起来。

第三，自强的人不怕困难、积极进取，具有“有志者、事竟成，破釜沉舟，百二秦关终属楚”的壮志；具有“苦心人、天不负，卧薪尝胆，三千越甲可吞吴”的气魄；具有“看成败，人生豪迈，只不过是从头再来”的决心；具有一种面对困难压不倒、面对厄运不低头、面对危险无所惧的操守。

毫无疑问，人生活在这个世界上，不是为了迎接挫折的考验，不是为了饱受苦难的蹂躏，不是为了经受病魔的折磨，但是，在人的一生中，谁也难以躲避挫折的考验、苦难的蹂躏、病魔的折磨。不向挫折屈服、不向苦难屈服、不向病魔屈服，这是我们应有的自强精神。在遭受打击的时候，要敢于对自己说，“天生我材必有用”；在条件艰苦的时候，要敢于对自己说，“斯是陋室，惟吾德馨”；在坎坷的人生之旅中，要敢于对自己说，“莫听穿林打叶声，何妨吟啸且徐行，竹杖芒鞋轻胜马，谁怕？一蓑烟雨任平生”。人的一生必然面临各种挑战，关键是要有自强不息的精神。只有自强不息，才能挑战自我、超越自我、提升自我。

人生感悟

1984 年洛杉矶奥运会女排决赛，中美巅峰对决，身高 184 厘米的中国女排主攻手郎平击溃了美国女排的防线，帮助中国女排登上了冠军的宝座，赛后诞生了一个词——“铁榔头”。

“铁榔头”郎平两次在中国女排最困难的时期，主动接下了中国女排主帅这个“星球上压力最大的职业”：第一次是 1995 年女排生死存亡之际，她毅然归国，担任女排主帅，累倒在工作当中。第二次是 2012 年中国女排伦敦奥运会被日本队淘汰，2013 年同年龄队友陈招娣撒手人寰，这一系列的悲痛触动了郎平内心深处的女排情结。

于是，她冒着“一世英名可能毁于一旦”的风险再次走马上任，仅仅一年半时间，郎平就带领中国队于 2014 年时隔 16 年重返世锦赛决赛舞台，最终夺得亚军，并于 2015 年重夺世界杯冠军。2016 年中国女排夺得里约奥运会冠军。

30 多年来，从担任主攻手时的“五连冠”到任教练率中国女排重返世界之巅，“铁榔头”似乎已经是奇迹的代名词。

“铁榔头”郎平的故事对你有哪些启示？

思考与探索

1. 以“幸福是奋斗出来的”为话题进行演讲比赛，积极发掘自我潜力，增强自信自强意识。

2. 以“为什么坚持无神论”为议题，探讨如何加强科学世界观，相信科学、学习科学、传播科学，注意抵制宗教观念以及各种有神论的影响。

3. 谢尔盖·布勃卡是奥运会撑杆跳高冠军，曾 35 次创造世界纪录。有人问他：“你成功的秘诀是什么？”他说：“很简单，每一次起跳前，我都会先让自己的心越过横杆。”

谢尔盖·布勃卡的事例给了你怎样的启示？

第二章

辩证看问题，走好人生路

唯物论要求我们一切从客观实际出发，实事求是。事实上，客观世界是比较复杂的，每个事物的内部、外部都存在固有的矛盾。同时，每一个事物都和周围其他事物有着千丝万缕的联系，而且这些事物又都处于不断运动、变化与发展之中。正因为这样，我们就需要学习唯物辩证法，用矛盾和联系、发展的观点看待事物、看待人生；以唯物辩证法支撑自己自立和自主，维护自己的自爱和自尊，激励自己的自律和自省，从而走好人生路。

矛盾的普遍性和特殊性

第一节　矛盾运动与人生发展

人的一生是在不断产生矛盾、不断解决矛盾中度过的。矛盾无处不在、无时不有，没有矛盾就没有生活，没有世界。矛盾既是事物发展的根本动力，也是人生发展的根本动力。

案例导入

宁允展（见图 2-1）出身工匠家庭。在身为工匠的父亲的耳濡目染中，宁允展从小就喜欢手艺。1991 年，19 岁的宁允展从铁路技校毕业，进入当时的四方机车车辆厂（南车四方股份公司前身），从事车辆钳工工作，一干就是 24 年。

图 2-1　宁允展

2004 年，中国南车四方股份公司开始由国外引进高速动车组技术。转向架是高速动车组九大关键技术之一，而转向架构架上的“定位臂”，则是转向架的核心部位。正是这个接触面不足 10 平方厘米的“定位臂”，一度成为高速动车组试制初期困扰转向架制造的巨大难题。高速动车组在运行时速达 200 多公里的情况下，定位臂的接触面要承受相当于二三十吨的冲击力，定位臂和轮对节点必须有 75 %以上的接触面间隙小于 0.05 毫米，否则直接影响行车安全。

唯一可行的操作方法就是手工研磨。然而经过机器粗加工后的定位臂，留给人工研磨的空间只有 0.05 毫米左右，也就是一根发丝的直径。在当时，国内并没有可供借鉴的成熟操作技术经验，宁允展主动请缨，向这项难度极高的研磨技术发起挑战。打磨机以 300 多转每秒的转速高速旋转，一旦磨小了，精度达不到要求，不慎磨大了，动辄十几万元的构架就会报废。经过无数次反复研究试验，宁允展仅用一周的时间便掌握了外方熟练工人须花费数月才能掌握的技术，解决了这一瓶颈难题，他研磨出的定位臂受到外方专家的高度肯定。

思考：宁允展在发现矛盾、解决矛盾的过程中，找到了人生乐趣，实现了自我发展。他的经历给你怎样的启示？

——中国文明网

哲学与人生

一、矛盾是事物发展的动力

人们要善于观察和分析各种事物的矛盾的运动，并根据这种分析，指出解决矛盾的方法。

智慧点拨

中国共产党十九大报告中有这样一段话："我们生活的世界充满希望，也充满挑战。我们不能因现实复杂而放弃梦想，不能因理想遥远而放弃追求。没有哪个国家能够独自应对人类面临的各种挑战，也没有哪个国家能够退回到自我封闭的孤岛。"

（一）生活中处处都有矛盾

形而上学的观点认为，事物的运动、变化和发展是外力推动的结果，如甲的运动是乙推动的，乙的运动是丙推动的……这样一直推下去，最后运动发展的原因就必然只能到物质世界以外去寻找，必然导致外因是"第一推动力"的结论，这显然是荒谬的。因此，物质世界发展的原因不在事物的外部而在于内部。任何一个事物自身都包含着矛盾，正是矛盾运动推动了世界万物的发展。

资料卡片

艅艎何泛泛，空水共悠悠。
阴霞生远岫，阳景逐回流。
蝉噪林逾静，鸟鸣山更幽。
此地动归念，长年悲倦游。

——南北朝・王籍《入若耶溪》

所谓矛盾，就是指事物内部诸要素或事物之间对立和统一的关系。矛盾即对立统一，是对立面的统一。统一性与斗争性是矛盾的两个基本属性。中国古代哲学家早已意识到，万物"无独必有对"，而且"独中又自有对"。"一物两体""相反相成""一分为二""合二而一"等，都是中国古代哲学对矛盾观念的深刻理解和表述。古希腊哲学家赫拉克利特提出："统一物是由两个对立面组成的。"德国古典哲学家黑格尔明确提出："矛盾是一切事物的本质、存在的根据和发展的动力。"马克思则在批判改造黑格尔唯心辩证法的基础上创立了唯物辩证法，从而使"矛盾"成为一个科学的概念。

名人名言

统一物之分为两个部分以及对它的矛盾着的部分的认识，是辩证法的实质。

——列宁

统一性和对立性是矛盾的两个基本属性。

1. 统一性

统一性有两层含义，第一层含义是指双方相互依存，即矛盾双方互为存在条件，共同处于一个统一体中。老子指出“有无相生，难易相成，长短相形，高下相盈，音声相和，前后相随”，即有和无、难和易、长和短、高和下、声和音、前和后都是相互依赖的，失去了一方，另一方也就不存在了，充分体现了矛盾双方相互依存的思想。第二层含义指矛盾双方相互贯通，即矛盾双方相互渗透以及相互转化的趋势。例如，在化学变化中，化合过程包含着分解，分解过程也包含着化合，矛盾双方相互渗透。

资料卡片

生物中有一种有趣的“变性”现象。红海里生长着一种红鲷鱼，合群而生，一般由数十条组成一个大家庭。除领头的“家长”是雄鱼外，其余都是雌鱼。如果那条独一无二的雄鱼死去了，剩下的雌鱼并不会因此散伙，也不招引其他雄鱼，它们中一条最强壮的雌鱼，会自动地慢慢变成一条雄鱼。蚯蚓、牡蛎等动物，也存在着雌雄转化的现象。

矛盾的统一性在事物发展中的作用主要表现在：第一，矛盾双方相互依存，使事物保持相对稳定，为事物的存在和发展提供必要的前提。第二，矛盾双方互相吸取有利于自身的因素而得到发展。第三，矛盾的统一性规定了事物向着对立面转化的基本趋势。

2. 对立性

对立性是指矛盾双方的斗争、排斥、否定的关系，包括对自然、社会、思维当中一切互相排斥、互相斗争形式的抽象和概括，如相互否定、相互反对、相互离异、相互分化等，都是矛盾对立性的具体体现。矛盾的对立性具有高度的概括性，不能仅把它理解为政治对抗、政治斗争。

矛盾的对立性在事物发展中的作用主要表现在：第一，在事物量变过程中，对立推动矛盾双方的力量对比和相互关系发生变化，为质变做准备。第二，在事物质变过程中，对立突破事物存在的限度，促成矛盾的转化，实现事物的质变。

3. 正确认识矛盾

矛盾的统一性和对立性不仅揭示了事物联系的实在内容，而且揭示了事物发展的内在动力。所谓矛盾是事物发展的动力，是指矛盾着的对立面既对立又统一，由此推动着事物的发展，或者说矛盾的相对的统一性和绝对的对立性相结合，构成了事物发展的动力。矛盾的统一性和对立性都对事物的发展起着重要作用。

资料卡片

爱因斯坦的智慧

爱因斯坦创立的光量子学说一发表，就在科学界引起了强烈反响。一位朋友问他：“光究竟是什么？是波还是微粒？要知道，两者不能并存，不是这个，就是那个！”爱因斯坦听后，激动地说：“不是这个，就是那个？为什么不可以既是这个，又是那个呢？光既是波，又是微粒，是连续的，又是不连续的。自然界喜欢矛盾。”

建设社会主义和谐社会就要正确地认识和处理矛盾，不断地化解矛盾，使矛盾双方在一定的条件下达到统一。“和谐，从本义上解释，是指矛盾着的双方在一定条件下达到统一而出现的状态。在这种状态下，自然界内部、人与人、人与社会、人与自然之间以及社会内部诸要素之间实现均衡、稳定、有序，相互依存，共生共荣。这是一种动态中的平衡、发展中的协调、进取中的有度、多元中的一致、‘纷乱’中的有序”。

(二)不同的事物有不同的矛盾

第一，每一事物的矛盾都有其特殊性，这种特殊的矛盾构成了一事物区别于他事物的特殊本质。认识矛盾的特殊性是认识事物的基础。不研究事物矛盾的特殊性，就无法确定事物的特殊本质，无法发现事物变化的特殊原因，无法把握事物发展的特殊规律，也就无法正确地认识事物、合理地改造事物。矛盾的特殊性决定了矛盾解决方法的特殊性，我们只能用不同的方法去解决不同的矛盾。

第二，每一事物的发展过程及其不同阶段的矛盾都有其特殊性，这种特殊性是由事物内部的根本矛盾及其特殊性所决定的；同时，在事物发展过程中，为根本矛盾所规定的大大小小的矛盾，有的暂时或局部地解决了，有的激化或缓和了，有的老矛盾又发生了，因此，事物发展过程就显现出阶段性。我们每一个人在青年阶段面临的矛盾，肯定不同于少年阶段面临的矛盾，将来在中年阶段面临的矛盾又会不同于青年阶段面临的矛盾，如此种种。如果不注意不同阶段的特殊矛盾，用过去的经验解决现在的问题，就会让发展受挫，甚至失败。

第三，每一事物中的矛盾及其不同方面的地位都有其特殊性。事物往往不是由单一矛盾构成的，而是一个由多种矛盾构成的矛盾系统。在矛盾系统中，有主要矛盾与次要矛盾。所谓主要矛盾，是指在矛盾体系中居于支配地位、对事物的发展起决定作用的矛盾，其他处于从属地位、对事物的发展不起决定作用的矛盾就是次要矛盾。在每一对矛盾中，有处于支配地位、起着主导作用的矛盾的主要方面，有处于被支配地位、不起主导作用的矛盾的次要方面。事物的性质是由主要矛盾的主要方面所规定的。

把矛盾普遍性与特殊性、共性与个性的关系原理运用于实际活动中，就是具体问题具体分析。坚持具体问题具体分析，就要一切以时间、地点、条件为转移。时间不同了，地点不同了，条件不同了，解决问题的方法也必然不同。随着时空条件的变化，事物总会呈现出新的特点。看似相同的矛盾，出现在不同的时空条件下，解决的办法亦不尽相同；看似有效的方法，置于不同的时空环境下，不一定能发挥同等的效用；看似已经解决了的矛盾，在变换了的时空中，有可能“复活”。社会发展、人生发展中的矛盾和问题，既可能是新的矛盾和问题，也可能是重复出现的老矛盾和老问题。但是，这种重复往往是形式上的重复，内容上则是新的，因而必须采取新的具体的办法来解决。矛盾的普遍性与特殊性、共性与个性的辩证法，是建设中国特色社会主义的哲学基础。我们想问题、办事情、做决策，必须一切以时间、地点、条件为转移，坚持“入山问樵、入水问渔”，牢牢把握矛盾的共性与个性这一精髓。不懂得这一点，就等于抛弃了辩证法。

典型案例

郑国有个人，白天在一棵大树下避暑乘凉，他随着太阳位置的变化，跟随树影而移动自己的席子，避暑效果颇佳。到了晚上，月亮升空，他想，此法既然白天有效，晚上用它来躲避露水一定也不会错。于是，随月下树影移动席子，结果，树影越远，他身上的露水也越重，最后衣服全都湿了，他还不知是什么原因。

案例分析：矛盾着的事物及其每一个侧面各有其特点，事物是千差万别的，这要求我们在分析、解决每一个具体矛盾时，一定要“事事”“时时”注意它的特殊性，即具体问题具体分析，一切以时间、地点和条件为转移，用不同的方法解决不同的矛盾。反对不分时间、地点、条件，千篇一律、一个模式地去解决问题的“一刀切”的做法。该郑国人就是犯了照抄照搬“一刀切”的错误。

二、矛盾是人生发展的动力

正因为事物内部包含着矛盾，而矛盾又推动着事物的发展，因此，我们要正确认识事物、解决问题，就必须学会正确看待事物中所包含的矛盾，坚持两分法，防止片面性。在遇到难以解决的矛盾的时候，要积极乐观地去面对，寻找人生发展的新动力。

（一）用矛盾的观点看待人生

矛盾离我们的生活并不遥远，善与恶、福与祸、荣与辱、成与败、美与丑、生与死……生活中处处有矛盾：利益与风险并存，机遇与挑战同在……生活中处处有矛盾，要求我们用矛盾的观点看待人生，坚持矛盾分析法，善于发现矛盾、解决矛盾。处理这些矛盾的过程也就是人生发展的过程。

我们在了解一个人的时候，既要看到优点，又要看到缺点；我们评价一件事物的时候，既要看到利，又要看到弊；在肯定成绩的同时，也要正视不足之处……不能用一点论来看问题，以偏概全、以点带面，这样会给我们的工作和学习带来损失，影响个人的健康成长。

典型案例

塞翁失马

有位擅长推测吉凶掌握术数的人居住在靠近边塞的地方。一次，他的马无缘无故跑到了胡人的住地。人们都来宽慰他。那老人却说：“这怎么就不是一种福气呢？”过了几个月，那匹失马带着胡人的许多匹良驹回来了。人们都前来祝贺。那老人又说：“这怎么就不是一种灾祸呢？”他的儿子爱好骑马，结果从马上掉下来摔断了腿。人们都前来慰问。那老人说：“这怎么就不是一件好事呢？”过了一年，胡人大举入侵边塞，健壮男子都被征兵去作战。边塞附近的人，死亡众多。唯有塞翁的儿子因为腿瘸的缘故免于征战，父子俩一同保全了性命。

案例分析：从案例中一波三折的故事看，好事和坏事只是一念之间，很容易发生转化，好事可以变成坏事，坏事也可以变成好事，因为万事万物都是有两面性的，我们要在心态上做好调整，不要因为一时的利益得失而影响大局。

世事变化无常，好事和坏事其实是对立统一的。当我们处于逆境时不要消沉怠惰，当我们处于顺境时也不要骄傲自满，而是应该用发展变化的眼光看问题，超越时空辩证地去思考，体会"祸兮福所倚，福兮祸所伏"的真谛。

当前，我国社会的主要矛盾已发生变化。"我国社会主要矛盾已经转化为人民日益增长的美好生活需要和不平衡不充分的发展之间的矛盾。"这一社会主要矛盾的变化是关系整个社会的历史性变化，标志着中国特色社会主义进入新时代。在这个新时代，我们要在继续推动发展的基础上，着力解决好发展不平衡不充分的问题。

在人生的不同阶段，我们也应注意主要矛盾与次要矛盾的关系。在人生的不同阶段，我们往往面临着多种矛盾，这就需要我们发现和解决主要矛盾。抓住了主要矛盾，问题就会迎刃而解。不懂得这种方法，不去寻找主要矛盾，就会如堕烟海，不能解决问题。"一着不慎，满盘皆输"，说的就是抓主要矛盾、抓重点的道理；"眉毛胡子一把抓"，批评的就是不分主次、不论轻重、不顾缓急的方法。这种方法表面上面面俱到，实际上顾此失彼。

因此，我们不仅要用矛盾的观点看待社会与人生，而且要把握主要矛盾与次要矛盾的辩证关系，把握"重点论"和"两点论"的关系，学会抓重点，尤其在人生的转折关头，更要善于发现和解决主要矛盾，恰当地处理次要矛盾。我们应以积极的态度对待人生中的矛盾，在发现矛盾、解决矛盾的过程中实现自我超越、自我发展。

（二）正确理解内因与外因的关系

学校期末考试结束后，家长会问学生为什么没有考好，这时有人回答："老师出的题太难。"有人说："昨天晚上没有休息好。"还有人认为："老师没有给复习好。"……这些或许都是没有考好的原因，但是归根结底，没有考好的原因在于自身对知识没有掌握好，这是决定事物发展与否的内因。

哲学上把事物的内部矛盾叫作内因，把事物的外部矛盾叫作外因。事物的发展是内因和外因共同起作用的结果。任何一个事物的内部都存在着矛盾，而这个事物同时也和外部其他事物相联系，同其他事物构成矛盾。事物内外部矛盾相互作用、相互影响，从而推动事物的发展。

内因是事物发展的根本原因。辩证法认为，事物发展的根本原因，不在事物的外部而在内部，在于事物内部的矛盾性。

外因是事物发展的条件，外因通过内因起作用。虽然内因是事物发展的根本原因，对事物的发展起决定作用，但是外因也是发展的重要条件，不可或缺。外因对事物发展的作用，表现在对事物内部矛盾的影响上，即通过促使内部矛盾双方情况的变化而推动事物的变化和发展。

我们必须看到事物的发展是内外因共同作用的结果，任何只强调“内因论”或“外因论”的观点都是错误的。只有把二者有机结合起来，才能促进事物的发展。

学习内因和外因辩证关系原理对我们认识事物、解决问题、促进个人健康成长有着十分重要的意义。

第一，在个人成长的过程中，要正确对待内因和外因，正确处理主观努力与外部条件的关系。个人的成长与发展，自己的努力是最重要的先决条件，不能只一味强调外部条件是否优越。当然，良好的外部条件，对我们的发展也会起到积极的作用。

第二，要用内因和外因相结合的观点观察社会中的各种现实问题。理解中国特色社会主义理论，必须既坚持独立自主、自力更生，又坚持和扩大对外开放。

我们应当明白，内因的发展离不开外因，但外因又有时效性，即特定的外因总是在特定的条件下存在的，离开了特定的条件就没有特定的外因。“机不可失，时不再来”，讲的就是这个道理。要实现自我超越、自我发展，就必须发挥自觉能动性，主动、及时地抓住时机，即抓住有利的外部条件。时机，要靠自己抓住；命运，要靠自己把握；未来，要靠自己开拓。

（三）积极面对人生矛盾，促进人生发展

矛盾原理告诉我们，事事有矛盾，时时有矛盾，处处有矛盾，正是矛盾构成了世界，有了矛盾事物才能够得到发展。物质世界本来就是充满矛盾的，我们每个人的一生中，也是被矛盾所包围的，没有矛盾，也就没有人生。既然矛盾不可避免，那么我们就应该鼓起勇气，积极面对，在矛盾中求发展，在发展中积极解决人生矛盾。

对于学生来说，生活中遇到最多的还是人际交往方面的矛盾，我们该如何去化解呢？

第一，克己忍让。即严于律己，宽以待人。当与人发生矛盾时适当约束自己，而对对方作一定的让步。这样，既表现出自己品格高尚，也会感动对方，使矛盾得到有效化解。特别要注意情绪对人际交往有着影响。情绪反应过于强烈，不分场合和对象恣意发作，会给人浮躁的感觉；情绪变化过于激烈会让人觉得过于感情用事，做事不用脑、草率；情绪反应过于冷漠，也会被认为麻木、冷酷、无情。

第二，主动就责。当与对方有了矛盾而令对方生气，尤其是错在自己一方时，对对方的责罚不仅不还手，反而应该自己主动要求对方这样做。这体现了自己高尚的情怀和对对方的友好态度，常会令对方动情动容，怒气消散，甚至与自己重归于好。

第三，施以恩惠。人们对给自己施以恩惠的人，多会心存感激。对与自己有矛盾的人施以恩惠，常有化仇敌为挚友的功效。

第四，责己思过。当与人发生矛盾时，不是指责别人，而是反思自己的过错，责备自己。这

种做法可以使对方感动、自责而化解矛盾。

第五，美言暖语。在双方产生矛盾时，赞美对方甚至给对方戴高帽子，是化解双方矛盾的一个好方法。古语“好言一语三冬暖，恶语伤人六月寒”，便足以说明这个道理。

第六，热情友好。人们都愿受到尊重而不愿受到轻视，热情友好的态度使对方感受到做人的尊严，常可抚平对方心中的不满，从而化解双方的矛盾。

第七，满足要求。人与人之间的矛盾很多是因自己不能满足对方的要求而产生的，如能满足其要求，矛盾大多也就不会产生了。

第八，负荆请罪。自己做错事而得罪对方，如果拒不认错，势必激怒对方而激化矛盾，若向对方赔礼道歉，则常能得到对方的谅解而化解矛盾。

第九，晓以理义。别人与自己发生了矛盾，有的是自己行为正当，对方却不明白其中的道理，有的虽然是自己未能满足对方的要求，但却是为对方着想，还有更好的使其得益的方式，或者自己确有正当的不能办的理由。此时，若晓之以理，动之以情，常能令其醒悟或原谅自己，从而化解矛盾。

第十，求同存异。人的利益、见解虽然常常包含矛盾，但背后实际却存在着共同的利益和相当程度的共识，若抓住这些矛盾不放，强迫别人接受自己的观点，不仅达不到目的，还会激化矛盾。若双方着眼于长远的利益，从根本处着手，互谅互让，求同存异，则双方利益便可大部分实现，从而化解矛盾。

第十一，许以未来。人有时候确实会因不能满足对方要求而令其不满，但如果许诺以后加以满足，便可减轻或消除其不满而化解矛盾。

第十二，分定权责。人有时会有多享权益而少担责任之心，所以如果权责界限不明，可能就会出现遇见有好处的事就争着做，遇见费力不讨好的事就互相推诿的现象，从而引发矛盾。如果能通过协商，分定权责，矛盾各方消除了觊觎推诿之心，只要求得自己分定的权益，不推卸自己分定的责任，矛盾自然就被化解了。

第十三，施以幽默。两人有了矛盾，心中感到不快，若一方说一些幽默风趣的语言或做一些诙谐滑稽的动作，往往就会引得对方开怀大笑，从而化解矛盾。

第十四，分定位序。在很多人都要做某件事情的时候，如果没有一定的位置或次序，就会你争我抢，互相争吵，闹得秩序混乱不堪，同时产生许多矛盾。若能分定位序，就会秩序井然，有条不紊，避免或化解很多矛盾。

第十五，消除误会。有的矛盾是因双方产生误会引起的，被误会方如果能摆出事实，提供有力的证据证明自己的清白，便可消除对方对自己的误会，从而把矛盾化解。

人生感悟

李书福(见图 2－2)是国内第一个民营汽车制造商。造中国人自己的小轿车，是他的梦想、理想。起初，李书福靠生产冰箱配件和装潢材料致富。致富后，他开始实现自己制造小汽车的梦想，并坚信活着就是要持续不断地把自己的理想变成现实。2001 年，李书福的吉利新款汽车终于获得了国家的“准生证”，这也意味着民营汽车制造商得到了国家的承认。现在，吉利控股集团资产总值超过千亿元，连续多年进入中国企业 500 强和世界 500 强，既是中国汽车行业十强，又是国家“创新型企业”和“国家汽车整车出口基地企业”。

图 2－2 李书福

李书福的成功对你有什么启示？

——搜狐网(内容有修改)

思考与探索

1. 俗话说“失败是成功之母”，请你运用矛盾双方在一定条件下可相互转化的哲学原理，谈谈你的理解。

2. 以“为什么不能回避矛盾”为议题，探讨矛盾在事物发展中的作用，并结合现实生活，说明我国当前社会主要矛盾的变化及其意义，理解具体问题具体分析对解决社会及生活问题的重要性。

3. 围绕“中国特色社会主义进入新时代，我国社会主要矛盾已经转化为人民日益增长的美好生活需要和不平衡不充分的发展之间的矛盾”这一论断，组织一次课内演讲比赛。

第二节　普遍联系与人际和谐

世界上没有独立存在着的事物，一切事物都处在纵横联系之中。我们打个比方，整个世界就好像一张巨大的网，一个网结代表一个事物，每个网结都与周围的事物相互联系着，而周围的其他事物又与其周围的事物相互联系。人也不是独立存在的，总是在与他人的交往中形成一定的人际关系，人的本质在其现实性上是一切社会关系的总和。我们要用普遍联系的观点看待世界、看待社会，营造和谐的人际关系。

案例导入

1994 年，不到 14 岁的姚明进入上海青年男子篮球队。当时，他除了身高，没有什么别的优势，而且他的心肺功能、肌肉力量都不是很强，骨骼也不够强壮……针对这些情况，科研人员为姚明特地制订了一套方案，循序渐进地增强姚明的骨密度和肌肉力量。姚明（见图 2-3）积极配合实施这套强身方案，球技也有了飞速进步，17 岁入选中国国家青年男子篮球队，18 岁进入中国国家男子篮球队，2002 年成为 NBA 的选秀状元。

图 2-3　姚明

在人生发展的道路上，姚明不断为自己设定更高的目标。在向目标迈进的过程中，尽管遇到了许多挫折和困难，但姚明没有气馁，正如他自己所说："篮球不是一项用嘴巴进行的运动，它需要你以行动证明自己。"

无论是在上海男子篮球队、中国国家男子篮球队，还是在火箭队，姚明都与队友相处和谐，得到了队友的信任与支持。正是和谐的人际关系，助力了姚明的成功！

思考：姚明取得成功的因素有哪些？他的奋斗历程给了你什么启示？

——央视网

一、事物是普遍联系的

自然界是普遍联系的，人类社会也是普遍联系的。人们日常生活、生产实际和科学发展的成果都证明了事物普遍联系的事实，揭示出唯物辩证法的联系观点对人类认识和改造世界具有重要的意义。

智慧点拨

十九大报告中提出，坚持和平发展道路，推动构建人类命运共同体。中国共产党始终把为人类做出新的更大的贡献作为自己的使命。中国将高举和平、发展、合作、共赢的旗帜，恪守维护世界和平、促进共同发展的外交政策宗旨，坚定不移在和平共处五项原则基础上发展同各国的友好合作，推动建设相互尊重、公平正义、合作共赢的新型国际关系。

(一)联系的特点

联系是事物之间以及事物内部各要素之间相互影响、相互制约的关系。联系既是客观的，又是普遍存在的。

1.联系的客观性

联系的客观性指联系是事物本身所固有的，不以人的主观意志为转移。无论是自在之物还是人为之物，它们的联系都具有客观性。这一世界观方法论要求我们必须从事物固有的联系中把握事物的真实联系，切忌主观随意性。联系是客观的，并不意味着人对事物的联系是无能为力的，人们可以根据事物固有的联系，改变事物的状态，调整原有的联系，建立新的联系。在社会领域，从经济到政治乃至思想文化各方面，也无不处在普遍联系之中。联系的客观性要求我们从客观事物固有的联系去把握事物。

资料小看板

围魏救赵

战国时期，魏国重兵包围了赵国国都邯郸，赵国向齐国求救。齐大将田忌准备率军赶去赵国，谋士孙膑劝阻说：“要解开杂乱纠纷，不能握拳不放；要解救相斗之人，不可舞刀弄枪。避实就虚，给敌人造成威胁，邯郸之围便可自解。如今魏军全力攻赵，精兵锐卒势必倾巢出动，国内一定只剩老弱兵丁。将军不如轻装疾奔围堵大梁，占据险要，攻其虚处。敌人必回师自救，这样，我们便既能一举解开邯郸之围，又可乘魏军疲惫之际，一举歼之。”田忌按照孙膑的布置进行。魏军果然慌忙回师，行到桂陵地面，齐军杀出，大败魏军。邯郸之围解也。

2.联系的普遍性

联系的普遍性是指联系无处不在、无处不有，即处处有联系、事事有联系、时时有联系。它包含两个方面的含义：一是世界上一切事物、现象、过程都不是孤立的存在，都与周围的其他事物、现象、过程有着这样或那样的联系，整个世界是相互联系的统一整体。二是任何一个事物、现象、过程内部的各个部分、要素、成分之间相互影响,相互作用。

名人名言

当我们深思熟虑地考察自然界或人类历史或我们自己的精神活动的时候,首先呈现在我们眼前的,是一幅由种种联系和相互作用无穷无尽地交织起来的画面。

——恩格斯

3. 联系的多样性

联系的普遍性通过联系的多样性表现出来。联系具有多样性,有直接联系与间接联系、内部联系与外部联系、纵向联系与横向联系、本质联系与非本质联系、必然联系与偶然联系等,不同的联系对事物的存在和发展起着不同的作用。

例如,大面积的干旱会造成大面积农田减产,而大面积农田减产,就会引发农副产品价格上涨,这就属于必然联系。有些联系在其初始阶段可能是偶然联系,而发展到一定程度就会转变为必然联系。例如,2008 年下半年的国际金融危机,起初只是表现为美国房地产的次贷危机,然而,这场危机发展到一定程度时便波及许多国家,并由此引发了全球性的经济危机。所以,当我们面对多种多样的联系时,既要尽可能地认识和把握多种联系,更要认识和把握事物本质的、必然的联系;同时,要善于把握偶然联系,抓住机遇,发展自己。

总之,任何事物都不能脱离其他事物而孤立存在,世界上的万事万物都是普遍联系的,因此,我们在看到任何一个现象时,都要把它同周围的事物联系起来,善于发现其内部的、外部的联系。

典型案例

古代有人用一张大网网到一只小鸟,当他把小鸟捉下来时,发现是一只网眼网住的,于是,他回家把网都剪开,结成一个一个独立的网眼,但是以后再也没捕到鸟。如图 2-4 所示。

图 2-4 古人网鸟图

案例分析：要用普遍联系的观点看问题，防止孤立、片面地看问题。看问题不能只知其一，不知其二，攻其一点，不及其余。学生在人生成长中不能只看到自我，而看不到自己与社会的联系，自我封闭，自我满足。

(二)用联系的观点看问题

坚持用联系的观点看问题，首先要求学生在校学习期间，克服重专业技能轻文化理论课的思想和做法，要看到专业与专业、课程与课程之间的联系，做到德智体美全面发展。

其次，要处理好全局与局部、整体与部分之间的关系。全局是事物的各个内在要素相互联系构成的有机整体和过程；局部是组成事物整体的各个要素和发展过程的某一阶段。

正确处理全局与局部的关系，就要做到以下两点。

第一，树立全局观念，局部服从全局。全局处于主导和支配的地位，决定着局部，局部必须服从全局。在局部和全局利益发生冲突时，局部必须服从整体。脱离了整体的局部会失去存在的意义。

第二，重视局部的地位和作用。正是一个一个小小的局部构成了全局，局部的好与坏直接影响着整体作用的发挥。

(三)社会交往与人际关系

任何个人都生活在一定的社会关系中，但社会关系并不是先于人的活动而预成的，而是生成于人们改造自然的生产活动中的；人们改造自然的活动是在诸多个人共同活动的条件下进行的，这种共同活动又是通过个人之间的交往而形成的；个体之间的交往，就是人与人之间的交互作用，正是在人与人之间的交互作用中形成了人与人之间的社会交往，形成了社会关系。

没有人际交往过程中所形成的各种各样的网络关系以及人们所担当的各种各样的社会角色，社会就不能成其为社会，发展也无从谈起。人际交往与我们密不可分，是我们生活的一部分，贯穿生命的始终。良好的人际交往能力是青少年社会化的起点，是将来在社会立足的生存需要，也是为社会做贡献的本领。

典型案例

英国著名作家笛福所著的《鲁滨孙漂流记》，讲述了英国青年鲁滨孙不安于中产阶级的平庸生活，三次出海经商的故事。

鲁滨孙从小向往航海，成年后多次经商，在一次航海中流落荒岛，在长达28年的时间里，他战胜了悲观和寂寞，建住所、制器皿、驯野兽、耕土地，用各种办法找寻食物。鲁滨孙后来救了一个土著人，把他训练为自己的奴仆，并为他起名“星期五”。在这之后，岛上又陆续来了许多新居民，鲁滨孙则成为岛上的统治者。

案例分析：鲁滨孙之所以能够独自在孤岛上生活，是因为他赖以生存的方法、使用的工具以及思维方式等，都是在他上岛之前通过与他人的交往而获得的，归根结底都是社会的产物。从根本上说，鲁滨孙仍然生活在社会中，生活在与他人的关系中。

从直接性上看，社会关系就是个人之间的交往关系，就是人际关系。人际关系是社会关系的直接体现，是人们在社会交往中形成的人与人之间的关系。例如，通过经济交往而形成的人们之间的经济关系，通过家庭而形成的人们之间的血缘关系等。在现实生活中，人总是处在与他人的交往活动中，并在交往中形成人际关系。

人际关系无处不在、无时不有。我们不能在人与人的关系之外去考察人，离开了人与人的关系，连人的最简单的属性都说不清。一个人所具有的属性，是在与他之外的其他人的相互联系、相互比较中获得的。人作为个体，离不开与他人的交往，离不开人际关系。每个人都生活在特定的人际关系网中，都会受到社会关系的再铸造而发生变化。

（四）人际关系的交互性与复杂性

在人际关系中，每个人都是非常独特的个体，不同的人具有不同的经验、思想、能力、需求等，而这些因素就造成了人际关系的复杂性。心理学家霍曼斯指出，人与人之间的交往本质上是一个社会交换过程。只有当一种关系对人们来说是值得的，人们之间的交往行为才会出现，人际关系才可以建立和维持。

人际关系不是先天存在的，而是在人的活动中生成和发展的。物质生产活动是人类的第一个历史活动，也是每日每时都必须进行的基本活动，它生成并表现为双重关系：一是人与自然的关系，这是一种主体与客体的关系；二是人与人的关系，这是主体间的关系，即人际关系。

个人间的交往构成“人类”，而人是以“类”的方式从事改造自然的活动，从而与自然形成主体与客体关系的。这也就是说，人要与自然结成一定的关系，人与人之间首先要结成一定的人际关系。人际关系是在人的活动中，在个人之间的交往中生成和发展的，而交往是相互的，是一种互为需要、互为对象、相互作用的关系。在交往活动中形成的人际关系因此具有交互性。

人际关系形成于交往活动中，不同的交往产生不同的人际关系。其中，既有血缘关系，又有地缘关系、业缘关系；既有经济关系，又有政治关系、思想关系；既有师生关系，又有同学关系、朋友关系；等等。这些人际关系相互影响、相互制约、相互渗透，构成了一个复杂的人际关系网。我们每个人都生活在这样的人际关系网中，并扮演着不同的社会角色，或为工人、农民，或为教师、学生，或为父亲、母亲，或为儿子、女儿，或为领袖人物、普通个人……

社会角色包括人的使命。“天下兴亡，匹夫有责”体现的忧患意识、责任意识，实际上就是一种超越个人的角色意识、责任意识、使命意识。能够意识到自己的社会角色、责任和使命的人是自觉的人，而意识不到自己的社会角色及其使命，甚至根本没有这种意识的人是浑浑噩噩的人。中华民族伟大复兴的中国梦终将在一代代青年的接力奋斗中变为现实。我们要坚定理想信念，志存高远，脚踏实地，切实承担好自己的社会角色，做一个有益于人民，有益于社会进步，能够担当民族复兴大任的新时代的新人。

和谐人际关系的重要性

二、建立和谐的人际关系

（一）和谐人际关系与人生发展

在现实生活中，人们追求高质量的生活，需要人与人之间的真诚、理解、和睦相处，人们追求事业上的成功，需要团结互助、平等友爱、共同前进的人际关系。人际关系决定并表征着我们能够成为什么样的人，过一种什么样的生活，能够拥有什么样的人生。因此，人际关系的和谐或紧张，直接影响着我们每个人的人生发展。和谐的人际关系是人生发展的重要条件。

人际关系在人们的社会生活中具有十分重要的作用。在现实生活中，我们每个人都在建构着自己的人际关系，并在其中生活、学习和工作，创造和享受属于自己的人生。和谐的家庭关系、同学关系、同事关系等人际关系，使个人能够顺畅地融入社会，从而充分展示自己的积极性、主动性和创造性，创造自我价值和社会价值，实现自己的人生理想。和谐的人际关系对人生发展，具体表现有以下几个方面的意义。

第一，和谐的人际关系是人们身心健康的需要。一个人如果处在相互关心爱护，关系密切融洽的人际关系中，一定心情舒畅，有益于身心健康。和谐的人际关系能使人保持心境轻松平稳，态度乐观。不良的人际关系，可干扰人的情绪，使人产生焦虑、不安和抑郁。

第二，和谐的人际关系是人生事业成功的需要。人际关系对人的事业影响很大，是人们取得成功的重要条件之一。和谐的人际关系和正确的处世技巧可为一个人事业的成功创造优良的环境，并促使其成功。

第三，和谐的人际关系是人生幸福的需要。人生的幸福是构建在物质生活和精神生活的基础上的。人生幸福必然包含有物质生活的内容，创造人生物质生活的幸福，会受到人际关系状况的影响。良好的人际关系有利于在物质生产过程中营造充分发挥人的创造力的优良环境。人的积极性、创造性的发挥，能增加物质财富的生产，丰富人们的物质生活。良好的人际关系也使得人与人之间的物质交往渠道畅通，人与人之间互通有无，互利互惠，可使人得到更多的物质享受和幸福。

社会主义和谐社会应该是民主法治、公平正义、诚信友爱、充满活力、安定有序、人与自然和谐相处的社会。构建社会主义和谐社会，一方面，要深刻认识人与自然是生命共同体，建设生态文明，构筑尊崇自然、绿色发展的生态体系，实现人与自然的和谐共生；另一方面，要着力解决人们最关心、最直接、最现实的利益问题，使人们各尽所能、各得其所，实现人与人之间的和谐共处。没有和谐的人际关系，没有人与人的和谐共处，社会就会混乱失序，道德伦理就会沦丧，经济就会停滞不前，人与自然也就无法和谐共处。构建社会主义和谐社会，就是在发展的基础上正确处理人与自然之间的矛盾、人与人之间的矛盾。

资料卡片

建立和谐人际关系的方式

微笑（微笑很重要，你会感到世界因之而美好）

赞美（用心发现别人的优点，适时、适度赞美）

共情（能够设身处地从他人的角度考虑问题）

倾听（让他人感觉到你的关怀与理解）

己所不欲，勿施于人（自己不愿意，就不要强加给别人）

换位思考（换个角度想想，会更好地理解别人）

（二）建立和谐人际关系的途径和方法

和谐的人际关系是人生发展的重要条件，但和谐的人际关系并不能天然形成，需要我们每个人努力营造。建立和谐的人际关系需要我们用心、用情、用意，需要我们根据自己担当的不同社会角色，采取不同的交往方式与不同的人进行交往；同时，在这个过程中要遵守人际交往规则。

一是利益原则。马克思指出："人们奋斗所争取的一切，都同他们的利益有关。"利益，尤其是物质利益，是推动人们从事历史活动的根本原因。营造和谐的人际关系，首先就要正确处理好利益关系。在不同的时期，人们之间具有不同的利益关系；在同一时期，人们之间的利益关系也是不同的。在人际交往中，我们每个人都要尊重他人合理的、正当的利益，正确处理个人利益与他人利益、个人利益与集体利益、局部利益与整体利益、眼前利益与长远利益的关系，从而营造和谐的人际关系。

体验与探索

一日，夜深人静，锁叫醒了钥匙并埋怨道："我每天辛辛苦苦为主人看守家门，主人喜欢的却是你，总把你带在身边，真羡慕你啊！"而钥匙也不满地说："你每天待在家里，舒舒服服的，多安逸啊！我每天跟着主人，日晒雨淋，多辛苦啊，我更羡慕你！"

一次，钥匙想过一过安逸的生活，于是，把自己藏了起来。主人开门时不见了钥匙，情急之下把锁给砸了，并顺手扔进了垃圾堆里。进屋后，主人找到了钥匙，气愤地说："锁也砸了，现在留着你还有什么用呢？"说完，把钥匙也扔进了垃圾堆里。

在垃圾堆里相遇的锁和钥匙，不由感叹起来："今天我们落得如此可悲的下场，都是因为过去，我们没有看到对方的价值与付出，而是这山望着那山高，彼此斤斤计较，互相妒忌和猜疑造成的啊！"

二是平等原则。人际关系是在人与人的交往活动中形成的关系，不论交往双方的身份、地位、自然禀赋等有多大差异，交往双方在人格尊严上是平等的。"敬人者，人恒敬之。"交往双方只有平等相待，才能相互尊重；只有相互尊重，才能平等相待。我们每个人都有被尊重的需要，同时，每个人也都需要尊重他人。不尊重他人，人与人之间就不可能形成平等关系，也就不可能营造和谐的人际关系。"在真理面前人人平等""在法律面前人人平等""在人格面前人人平等"……我们应当明白平等的重要性。平等是社会主义核心价值观的重要内容，没有平等就没有社会主义。

典型案例

身份只是暂时的标记

英国著名的剧作家萧伯纳到莫斯科旅游，在街上遇见了一位聪慧的小女孩，两人十分投缘，站在街头天南地北地聊了很久。临分别时，萧伯纳对小女孩说："回去告诉你妈妈，今天你在街上和世界名人萧伯纳聊了很久。"小女孩抬头看了萧伯纳一眼，也学着他的口气说："回去告诉你妈妈，你今天和漂亮的苏联小姑娘安娜聊了很久。"这个出乎意料的回答让萧伯纳大吃了一惊，他马上就意识到自己的自傲是不当的。

萧伯纳颇有感触地说："一个人不管有多大的成就或地位，对任何人都应平等对待，要保持谦虚。这是苏联小女孩安娜给我的教训，我会一辈子都记得。"

这个小故事给我们什么启示？

案例分析：身份只是暂时的标记，不一定永远跟着我们，没有什么值得骄傲的。一个真正成功的人，必是谦虚谨慎的，绝不会因名位而骄狂自大。和谐的人际关系中人与人之间是平等的，每一个人的权利和人格都受到平等尊重。不歧视人、不欺负人，是减少人际冲突，建立良好人际关系的基本条件。

——瑞文网

三是宽容原则。由于自然禀赋的差异，后天环境的不同，人们在思想和行动中必然各有其特性。"金无足赤，人无完人。"因此，人际交往需要宽容精神。宽容就是要设身处地、将心比心，善于理解他人，善于异中求同。宽容意味着宽宏大量、克制忍让，但并非不讲原则、一味迁就；宽容显示着一个人的自信，但并非盲目从众、随波逐流。

名人名言

三人行，必有我师焉；择其善者而从之，其不善者而改之。

——《论语·述而》

体验与探索

有一个男孩有着很坏的脾气，他的父亲就给了他一袋钉子，并且告诉他，每当他发脾气的时候就钉一颗钉子在后院的围篱上。第一天，这个男孩钉下了37颗钉子。慢慢地每天钉下的数量减少了。他发现制止自己的脾气要比钉下那些钉子来得容易些。终于有一天这个男孩再也不会失去耐性乱发脾气，他告诉了父亲这件事，父亲要求他，从现在开始每当能控制自己的脾气的时候，就拔出一颗钉子。一天天地过去了，最后男孩告诉他的父亲，他终于把所有钉子都拔出来了。父亲握着他的手来到后院说："你做得很好，我的好孩子。但是看看那些围篱上的洞，这些围篱将永远不能恢复成从前。你生气的时候说的话将像这些钉子一样留下疤痕。如果你拿刀子捅别人一刀，不管你说了多少次对不起，那个伤口将永远存在。话语的伤痛就像真实的伤痛一样令人无法承受。"

四是合作原则。任何一个人都无法单独生存，个人的力量总是有限的，总是存在着这样或那样的不足。实际上，人是依靠生产工具、依靠社会组织、依靠分工合作，超越一切动物，实现"全能"的。就个人而言，与他人合作，能够取长补短，形成一种合力。"一个篱笆三个桩，一个好汉三个帮"，讲的就是这个道理。分工与合作是同一个过程的两个方面。在当代，社会分工越来越细化，这一细化的过程要求人们之间的合作越来越紧密，合作原则因此在人际交往中的重要性也越发凸显。

典型案例

两头驴被一根绳拴住了，它们的两边各有一堆草。它们反向走各去吃自己这边的草，可绳子不够长，两头驴都吃不到各自方向的那堆草。经过思考，它们协作先吃一边的草，然后再吃另一边的草。

案例分析：正是因为它们都能看到共同的利益而进行合作，才会有所得。如果它们互不相让，只看到自己眼前的利益，就会饿死。

（三）追求理想人生

人是社会存在物，任何人都不可能不和他人交往而独立存在。玩有玩伴，学有学伴，工作中有同事，生活中有伴侣，人是在交往中生存和发展的。交往实际上是个人社会化的过程，是个人吸取他人经验，把社会成果变为个体能力的过程。即使类人猿，也并非仅仅依靠个体的力量一个一个由猿变为人，而是以群体的方式实现这种转变的。个人主义的"猴子"永远变不成人。"个人"只有在交往中相互学习，才能在"人们"中成为人。我们不仅应该在交往中遵守交往规则，而且应当学会交往艺术，学会做人，学会做事，从而营造和谐的人际关系，追求理想人生。

名人名言

君子坦荡荡，小人长戚戚。

——《论语·述而》

任何人的人生都有两件“大事”：一是做人，二是做事。要想事业有成，首先要学会做人。当代著名哲学家维特根斯坦说的“让我们做人”，意指人应该懂得如何做人。做人的问题无比重要，因为人可以成为不同的人：可以成为好人，也可以成为坏人；可以成为崇高的人，也可以成为卑劣的人；可以成为伟大的人，也可以成为平庸的人……

做人与做事密切相关。通常情况下，你是什么样的人，你就会做什么样的事。坏人会做坏事，好人会做好事。但是，人好，不见得就有本事，不一定就能做成好事。一个人做的事对他人、人民是有利还是有害，是好事还是坏事，并非完全取决于其是否有本事，更重要的，是看其如何应用这种本事。所以，我们不仅要学会做人，还要学会做事，在学会做人与学会做事的统一中，追求理想的人生。

学会做人和做事，是为了追求理想的人生。追求，是人朝着自己确立的目标奋进。对崇高目标的追求，是理想、信念和意志的统一。对理想的追求使追求者充满活力和创造力，使生命绚丽多彩。科学家为追求人类幸福而工作，革命家为追求人类解放而献身……从这种种追求中，我们可以体会到生命的价值和意义。

人生感悟

学会尊重一个人

一天，一位40多岁的中年妇女领着一个小男孩走进美国著名企业“巨象集团”总部大厦楼下的花园，在一张长椅上坐下来。她不停地跟男孩在说着什么，似乎很生气的样子。不远处有一位头发花白的老人正在修剪灌木。

忽然，中年妇女从随身挎包里揪出一团白花花的卫生纸，一甩手将它抛到老人刚剪过的灌木上。老人诧异地转过头朝中年妇女看了一眼。中年妇女也满不在乎地看着他。老人什么话也没有说，走过去拿起那团纸扔进一旁装垃圾的筐子里。

过了一会儿，中年妇女又揪出一团卫生纸扔了过来。老人再次走过去把那团纸拾起来扔到筐子里，然后回原处继续工作。可是，老人刚拿起剪刀，第三团卫生纸又落在了他眼前的灌木上……就这样，老人一连捡了那中年妇女扔的六七团纸，但他始终没有因此露出不满和厌烦的神色。

“你看见了吧，”中年妇女指了指修剪灌木的老人对男孩说，“我希望你明白，你如果现在不好好上学，将来就跟他一样没出息，只能做这些卑微低贱的工作!”

老人放下剪刀走过来，对中年妇女说：“妇人，这里是集团的私人花园，按规定只有集团员工才能进来。”

“那当然，我是‘巨象集团’所属一家公司的部门经理，就在这座大厦里工作！”中年妇女高傲地说着，同时掏出一张证件朝老人晃了晃。

“我能借你的手机用一下吗？”老人沉吟了一下说。

中年妇女极不情愿地把手机递给老人，同时又不失时机地开导儿子：“你看这些穷人这么大年纪了连手机也买不起。你今后一定要努力啊！”

老人打完电话后把手机还给了妇人。很快一名男子匆匆走过来，恭恭敬敬地站在老人面前。老人对来人说：“我现在提议免去这位女士在‘巨象集团’的职务！”“是，我立刻按您的指示去办！”那人连声应道。

老人吩咐完后径直朝小男孩走去，他用手抚了抚男孩的头，意味深长地说：“我希望你明白，在这个世界上最重要的是要学会尊重每一个人……”说完，老人撇下三人缓缓离去。

中年妇女被眼前骤然发生的事情惊呆了。她认识那个男子，他是巨象集团主管任免各级员工的一个高级职员。“你……你怎么会对这个老园丁那么尊敬呢？”她大惑不解地问。

“你说什么？老园丁？他是集团总裁詹姆斯先生！”听到这话，中年妇女一下子瘫坐在长椅上。

谈谈你对这个故事的理解？

思考与探索

1. 请与同学一起在校园内寻找三组以上看似无关、实则相互联系的事物，用思维导图描述其联系方式。通过此活动，你有哪些启示？

2. 组织开展“建立和谐的人际关系”为主题的“一对一”的谈话沟通活动。通过谈话沟通，认识自己在处理与同学的关系中所存在的问题，并积极主动地加以改进，从而建立和谐的同学关系。

3. 以“为什么个人不能孤立地生存和发展”为议题，探讨事物普遍联系的观点，理解人生发展与自然、社会和他人息息相关，学会在和谐共处中实现人生发展。

第三节　发展变化与顺境逆境

事物的永恒发展

当今中国正在发生深刻的变革，当前我们党所面临的国内外形势、所肩负的使命任务正在发生重大变化。它们构成新起点的时代背景，标注新长征的现实基点。同时，世界变化日新月异，当我们考察世界时，呈现在我们面前的不仅是一幅由普遍联系交织起来的画面，而且是一幅由变化发展所构成的画面。我们要认识事物的运动变化发展及其规律，并以此为基础把握人生发展的规律，正确对待人生中的顺境与逆境。

案例导入

楚国人要偷袭宋国，让人先测量澭水的深浅并刻好标记。澭水暴涨，楚国人不知道，还按照原先的标记渡河，结果淹死了一千多人，军中惊哗如房舍倒塌了一样。原先做标记时是可以渡河的，现在澭水有变化而且水位增高了，楚国人却还按照原先的标记渡河，这是失败的原因所在。

思考：不管是治国、齐家，还是处事、修为，哪一项不该与时俱进？宇宙之神奇之诱人在于运动不息，事物亦同。所以，不要拘泥于某个观念，要敢于变化，敢于调整，做到与时俱进，才能常换常新、常新常在。

一、一切都处在发展变化中

智慧点拨

伴随着生产力的发展，中国人的生活方式发生了巨大变化，其中一个重要的表现就是人们通信方式的巨大变化——从烽火传军情、飞鸽传书，到电报、电话，再到移动电话、互联网。中国人通信方式的历史变迁是一切事物都处于运动变化发展之中的一个缩影。

(一)运动、变化、发展三者的关系

唯物辩证法不仅是关于世界普遍联系的科学，也是关于世界运动、变化、发展的科学。正是由于事物之间的普遍联系和相互作用，才构成了事物的运动，引起了事物的变化，推动着事物的发展。

从无机界到有机界，再到生命体的出现，从原始社会、奴隶社会、封建社会到资本主义社会，再到社会主义社会，从蒸汽机车到电力机车，再到磁悬浮列车……说明这样一个道理：一切

都处在运动变化发展之中，世界就是一个无限变化和永恒发展着的世界。

要把握好发展的概念，首先有必要弄清楚发展和运动、变化的区别。运动作为物质的固有属性是指事物的一般变化和过程，标志着事物变动不定的动态过程。变化则主要指运动的一般内容，即事物所发生的改变，包括事物性质、数量、结构、形态上的改变。而发展是在运动、变化的基础上进一步揭示事物运动、变化的整体趋势和方向性的范畴。只有上升的、前进的运动才是发展，任何倒退的、下降的、反复循环的运动都不是发展。

所谓新事物，是指合乎规律，具有生成、存在和发展必然性的事物。与此相反，旧事物则是在发展过程中逐渐丧失其存在的必然性、日趋灭亡的事物。区分新事物与旧事物，不能仅凭出现时间的先后，不能仅根据形式上是否新奇别致作为根本标准，还要看其是否符合发展规律。新事物与旧事物相比新事物必然代替旧事物，这是由新旧事物的本质特征和事物发展的辩证本性决定的。新事物不是“无中生有”，而是在旧事物这个“母胎”中孕育的；新事物否定了旧事物的消极因素，吸收了旧事物的积极因素，并增加了旧事物所不能容纳的新的因素，因而能够适应新的环境，具有强大的生命力。

体验与探索

三国时期，吴国将军吕蒙很早就投身军旅，屡立战功，但因为没什么文化，被人戏称为“吴下阿蒙”。有一天，孙权劝吕蒙说：“你现在身负重任，要好好读书，增长见识。”听了孙权的劝告，吕蒙发愤读书，进步很快。一次，吕蒙和鲁肃谈论政事，鲁肃发现难不住吕蒙，再不是当年的吕蒙了。吕蒙笑着说：“士别三日，当刮目相待。”如图 2-5 所示。

图 2-5　士别三日当刮目相待图

(二)事物发展是由量变到质变的过程

1. 量变与质变

任何事物的发展都需要一个量的积累过程。只有当量积累到一定阶段、一定范围时，事物才能发生质的飞跃，才能导致新事物产生，旧事物灭亡。量变质变规律是事物变化发展的基本规律。

任何事物都有量的规定性，量是事物存在和发展的规模、程度、速度等可以用数量表示的规定性，如物体的大小、质量的轻重、运动的快慢、人口的多少等都是量的规定性。任何事物又都有质的规定性，质是事物成为自身并区别于其他事物的规定性。此物之所以为此物，并有别于他物，就在于它具有自身的规定性。

任何事物都是质与量的统一体，这种统一体现在“度”上。所谓度，就是指事物保持自己质的稳定性的量的限度。例如，在一个标准的气压下，水的温度就是0℃～100℃，在这个幅度内，水保持其自身不变，突破温度的两个关节点或临界点(0℃或100℃)，水就变成冰或水蒸气了。判断一个事物是处在量变状态，还是处在质变状态，关键看其变化是否超出了度的范围。在度的范围内的变化属于量变，超出度的范围的变化就是质变。

名人名言

“难”也如此，面对悬崖峭壁，一百年也看不出一条缝，但用斧凿，能进一寸进一寸，能进一尺进一尺，不断积累，飞跃必来，突破随之。

——华罗庚

量变与质变是事物发展的两种基本状态。一般情况下，量变表现为渐进的、缓慢的变化；质变则表现为急剧的、突然的变化。事物的发展总是从量变开始的，量变积累到一定程度就会引起质变；质变是事物从一种质转变为另一种质，从一事物转变为另一事物。“积土成山，积水成渊”，讲的就是这个道理。量变不是质变，但又能引起质变；质变不是量变，又能引起新的量变；质变是量变的结果，又是新的量变的开始。量变、质变、量变……如此相互转化、形成了事物发展过程中的基本规律，即量变质变规律或质量互变规律。

典型案例

佛教《百句譬喻经》中有“愚人吃盐”的故事：从前有个愚人，到别人家做客，吃菜嫌淡而无味。主人知道后，给他加了一点盐，他吃了后便觉得味道很美。而后他想，味道好是因为有盐，加了那么一点点盐就那么好吃，多加一点岂不更好吃了吗？于是，他就大吃起盐来，其结果是又苦又涩。

案例分析：量变引起质变，质变是量变的结果。

2. 把握适度原则

懂得量变与质变的辩证关系，把握适度原则，是十分重要的。我们应该懂得“注意分寸”“掌握火候”的道理，这就是“适度”；应该懂得“过犹不及”“矫枉过正”的道理，也就是超过一定的限度或达不到一定的限度都会影响到事物的质。把握量变与质变的关系，就要确立“底线思维”，凡事不能超越底线。底线，如法律底线、纪律底线、道德底线，就是度的关节点，一旦突破这些底线，事情就会发生质变。在日常生活中，凡事都应做到防微杜渐。

生活中的适度原则

典型案例

请看下图 2-6 所示漫画所揭示的问题：

图 2-6　父母的要求

案例分析：不能急于求成，要循序渐进，遵循质量互变的原理。

（三）事物发展是前进性与曲折性的统一

1. 事物发展的总方向和总趋势是前进和上升的

事物发展的总趋势是前进的、上升的。发展是新事物取代旧事物，是新旧事物的更替。新事物否定了旧事物中消极的、过时的、腐朽的东西，同时吸取、继承了旧事物中积极的、仍在适应新的历史条件的东西，并增添了一些为旧事物所不能容纳的新东西，因而它在内容上比旧事物丰富、在形态上比旧事物高级、在结构上比旧事物合理、在功能上比旧事物强大，具有旧事物所不可比拟的优越性和强大的生命力。新事物的产生和旧事物的灭亡，是不可抗拒的，新事物必然代替旧事物。例如，社会的发展，是新的社会制度代替旧的社会制度的前进、上升的过程。新的制度具有强大的生命力，不管它一开始多么弱小，最后总要战胜旧制度，从而实现社会的发展。

名人名言

发展是按所谓螺旋式而不是按直线式进行的。

——列宁

2. 事物发展的过程是曲折的

事物发展的道路是曲折的，不可能直线发展。新事物在旧事物的基础上发展起来，它既要同旧事物开展斗争，又要从旧事物中吸取有利于自身发展的东西，而旧事物总是要限制、阻碍新事物的成长。因此,新事物总是要和旧事物经过一番较量才能取得发展,就像大江大河的前进总是一波一波地向前推进,而这个过程是曲折的。

第一,新事物在其萌发、成长的初期,还是比较弱小和不完善的。它的成长壮大,必须经历一个从弱小到强大、从不完善到比较完善的发展过程。它的优越性和强大的生命力,也必须经历一个逐步发挥和显示的过程。在这些过程中,遇到还有相当大的力量的旧事物的抵抗,就会出现曲折。

第二,旧事物在一定时期里还有相当大的力量,旧事物不会心甘情愿地被新事物代替。旧事物总是竭力阻挠和扼杀新事物的成长壮大,同时,还有来自保守的习惯势力的抵制。这就大大增加了新事物成长发展的困难,造成新事物成长发展的曲折。

第三,在社会领域,新事物出现之后,还要经过被人们认识、理解、接受和支持的过程。当人们没有认识、理解、接受和支持新事物的时候,新事物的成长和发展,总会遇到困难,经历曲折的道路。

体验与探索

如果说“人生像登山”,那你就要努力攀登,直上光辉顶峰!

如果说“人生像流水”,那你就要奔流不息,向着大海而去!

如果说“人生像演戏”,那你就要深入戏中,踏上美丽舞台!

如果说“人生像战斗”,那你就要守土有责,不能临阵脱逃!

(四)用发展的眼光看问题

正是由于事物是永恒发展的,才要求我们在想问题、办事情的时候,用发展的观点看问题。发展的观点是唯物辩证法的又一个基本观点。用发展的观点看问题,需要克服形而上学静止地看问题的倾向。

体验与探索

“渐”的作用,就是用每步相差极微极缓的方法来隐蔽时间的过去与事物变迁的痕迹,使人误认其为恒久不变。这有一件比喻的故事:某农夫每天早晨抱了犊而跳过一沟,到田里去工作,夕暮又抱了它跳过沟回家。每日如此,未尝间断。过了一年,犊已渐大,渐重,差不多变成大牛,但农夫全不觉得,仍是抱了它跳沟。有一天他因事停止工作,次日就再不能抱了这牛而跳沟了。造物的骗人,使人流连于其每日每时的生的欢喜而不觉其变迁与辛苦,就是用的这个方法。人们每日在抱了日重一日的牛而跳沟,不准停止。自己误以为是不变的,其实每日在增加其苦劳!

——丰子恺《渐》

坚持用发展的观点看问题,首先要求把事物如实地看成一个变化发展的过程,弄清事物的来龙去脉,使我们的思想符合不断变化着的客观实际,适应形势的发展。“江山代有才人出,各领风骚数百年”说的就是这个道理。

其次要弄清楚事物在其发展过程中所处的阶段和地位。由于事物在每个发展阶段所处的地位、作用和状况不同，所以用发展的观点观察和分析问题，就要正确对待和处理事物的昨天、今天和明天的关系，学会照应事物发展过程各个阶段，立足今天，面向未来，确定发展目标。

再次，要正确对待新事物，促进新事物的成长。新事物开始是弱小的，但又是不可战胜的，在实践中自觉地、坚定地站在新事物一边，善于发现和热情扶持新事物，做新事物的促进派，使新事物成长壮大。

二、人生发展中的顺境与逆境

人的一生往往有不同的追求，但有一点可能是共同的，即人的一生可能“过五关”，也可能“走麦城”。“过五关”属于我们所说的顺境，“走麦城”则属于逆境。

（一）人生发展道路上的两种境遇

1. 顺境

顺境，就是良好的境遇，有助于人的成长。

首先，从人的身心发展来看，一方面科学的营养供给、健全的公共卫生体系，比起匮乏的物质保障，欠缺的公共卫生服务，更有利于人的生理成长。另一方面，顺境更有利于人心智的成长，顺境提供给我们鼓励性的教育氛围，更有利于认知的系统发展。在顺境当中，我们更可以体会到家庭的温暖、社会的关爱、友情的可贵，从而拥有宽容、开放、健康的心态。

其次，从人的社会化进程来看，一方面顺境更有利于满足人生各阶段的成长需求，当我们还是孩童的时候，顺境中家庭的关爱让我们具有自信心和自主意识；青少年的时候，顺境中良好的教育，可以使我们学业有成，谋生有道；当我们到了成年乃至老年的时候，顺境使人在自我肯定中，获得终生成长的动力。另一方面，顺境有利于人的社会角色成熟，因为人的成长总是以其独立地担当恰当的社会角色为标志的。

此外，顺境中持续的社会发展、健全的制度安排、和谐的日常生活，为人的社会角色成熟提供了更好的发展空间。

典型案例

阿姆斯特朗是第一位登陆月球的人。小时候，他是一个善于幻想的孩子，他的母亲从来不打击他的积极性。一次，他的妈妈在厨房洗碗，他在后院蹦蹦跳跳地玩耍，母亲问他：“你在干吗？”他说：“我要跳到月球上去。”他的母亲听后没有像其他孩子的家长那样泼冷水，也没有骂他，或者说“不要淘气，快停下来”之类的话，而是说：“好！不要忘记回来哦。”在这样的轻松环境下，他最终登陆了月球。

案例分析：在这样的轻松宽容的环境中成长，以及好的引导方式，更有利于个人的发展。

2. 逆境

逆境，就是不顺利的境遇。

逆境常常是由社会客观条件、人才自身条件、人才在其成长中所处的地位等共同决定的。家庭出身贫寒，生存条件恶劣；天灾人祸，突如其来，令人束手无策，发生时非人力可抗拒；重大疾病、意外伤残、先天不足是人生的不幸；人微言轻，怀才不遇，只能默等时机；初来乍到，环境不利，人际生疏，工作尚不能打开局面，只能从头做起……种种险、灾、穷、困、厄造成的逆境，绝非人的意志可以使之转移，有时人们确实无法选择自己的地位、处境，这正是人在客观世界中被动性的体现。

体验与探索

斯蒂芬·霍金（见图 2-7）20 多岁就瘫痪，后来连话都说不成，但他创立了宇宙大爆炸理论。史铁生患严重肾病，但最后成为一个了不起的作家。贝弗里奇说："人们最出色的工作，往往是在身处逆境的情况下做出的，思想上的压力，甚至肉体上的痛苦，都可能成为精神上的兴奋剂。"

2-7 斯蒂芬·霍金

人生在世，顺境与逆境总是相伴而行的。顺境，人之所求，但无法有求必应；逆境，人之所畏，但往往不期而遇。因此，我们应正确对待人生中的顺境与逆境。李白的诗句，"人生若波澜，世路有屈曲"，蕴含着丰富的人生哲理。

（二）顺境、逆境与人生理想

人生境界的问题实际上就是人生理想的问题。理想就是境界，境界的高低优劣与所持何种理想有关。理想对于个人的成长而言极其重要，人生的成就超不出他的理想信念。理想信念就如同航标和灯塔，为人生指引着前进的道路，指明发展方向；理想信念如同加油站，为人生提供发展动力。邓小平说过，中国共产党无论过去多么弱小，无论遇到什么困难，一直有强大的战斗力，之所以如此，是因为有共产主义的理想信念。"风物长宜放眼量"，这是我们观察社会应当具有的历史眼界。

我们重视个人理想。不同的人有不同的兴趣、爱好和素质，我们要创造条件，促使每一个人实现自己的个人理想。但是，任何个人理想都不能与历史规律相违背，今天，我们要把个人理想融入中国特色社会主义的共同理想之中，从而在推动社会发展的过程中求得个人的发展，实现个人理想。沿着社会的进步方向前进而不是逆向而行，这是我们每一个人在确立人生理想时应当遵循的根本原则。

要树立正确的人生理想，提高自己的人生境界，就要反对个人主义的人生观。个人主义以自我为中心，任何时候都把个人利益摆在首位，当个人利益和集体利益发生矛盾时，不惜损害集体的利益以满足个人的利益。对个人而言,个人主义可能成为一种动力,可以激起欲望、热情甚至拼搏精神;对于社会来说,个人主义是一种涣散力、离心力、破坏力,持个人主义人生观的人总是把一切都按照一己私利的需要加以歪曲,其结果会破坏社会的合力。

名人名言

虽然我不能像正常人一样站着或走路,因为我坐在轮椅上,但我要像正常人一样,有一个伟大的理想,并向着这个理想而努力奋斗。

——张海迪

实际上,顺境与逆境、幸福与痛苦,并不局限于个人,而是形成于个人与他人、个人与群体、个人与社会的关系之中。只为自己活着的人,其痛苦个人承担,极其沉重;其快乐个人享受,极其有限。只关心自己、心中只有自己的人,会永远不满足,永远"烦",永远痛苦;当把自己的爱心传递给他人、社会时,个人就会有一种由道德高尚感和成就感而产生的满足、快乐和幸福,就会真正体会到痛苦可以分担,快乐可以共享。不关心社会,就不能为自己创造一个适合自身发展的社会环境;不关心他人,就不可能有一个良好的人际关系,往往使自己处于人际矛盾和痛苦之中。"机关算尽太聪明,反误了卿卿性命",指的就是这种人。

总之,顺境、逆境是人生的常事,要求我们以积极的心态面对。当身处逆境时,我们头脑清醒,抓住有利时机,争取早日成才;遇到逆境时,不能悲观、消沉,要以坚强的毅力去迎接各种困难和挑战,并学会扬长避短,变不利为有利,坚定地走向成功的未来。

人生感悟

图 2-8 张海迪

张海迪(见图 2-8)的人生道路异常艰辛。5 岁时,可怕的疾病使她高位截瘫,胸部以下完全失去知觉。残酷的命运并没有将张海迪打倒,她开始了独特的人生跋涉。无法上学,她就躺在病床上,学完了小学、中学全部课程,并自学了英、日、德等多门外语,自学了医科院校教材,掌握了针灸技术,为群众免费治疗超过了 1 万人次。1983 年,张海迪开始走上文学创作的道路,以顽强的毅力克服病痛和困难,精益求精地进行创作,出版了长篇小说《轮椅上的梦》《绝顶》,散文集《鸿雁快快飞》《向天空敞开的窗口》《生命的追问》,翻译作品《海边诊所》《丽贝卡在新学校》等。1991 年,不幸再次降临,张海迪被发现患有基底细胞癌。然而,手术后不久,她就开始了研究生课程的学习,并在两年后成为我国第一个坐在轮椅上拿到哲学学位的硕士。2019 年 1 月,被评为 2018 年度十大女性新闻人物。2019 年 9 月 25 日,被授予"最美奋斗者"荣誉称号。

我们重温张海迪的故事，是为了重温一个道理：人生梦想需要汗水和心血的浇灌，“海迪精神”永远不会过时。

你认为“海迪精神”过时了吗？她的哪些品质值得你学习？

——中国文明网

思考与探索

1. 爱迪生一生的发明创造极多，这当然离不开实验。他几乎每天都忙于实验，许多人不理解他的行为，有人甚至认为他的实验毫无价值。一位老太太曾问他：“你天天搞这些玩意，有什么意义？”爱迪生没有正面回答，而是反问道：“新生的婴儿有什么用？”爱迪生的这句话包含了怎样的哲学内涵？请你运用本单元的观点予以说明。

2. 以“为什么说人生发展不会一帆风顺”为议题，探讨事物发展的前进性和曲折性的统一，正确认识人生道路上的顺境与逆境，在生活实践中磨炼意志，形成乐观向上的人生态度。

3. 分析“士别三日，当刮目相待”。

第三章

实践出真知，创新增才干

实践不仅是人类存在和发展的前提，也是人类认识的基础。实践永无止境，认识也永无止境。实践出真知。我们不仅要学习书本知识，而且要积极参加社会实践。这样，我们才能获得真正的知识，用来指导自己的行动。认识来源于实践，在实践中得到检验，并随着人们社会实践的发展而不断向前发展。同时，我们要在实践活动和认识过程中掌握科学的思维方法，提高明辨是非的能力，自觉培养创新意识。

第一节 知行统一与体验成功

实践的观点是马克思主义认识论首要的基本观点。人的成长离不开对自然、社会和自我的认识，而认识归根结底是在实践中产生和发展起来的。实践是认识产生的基础，是认识发展的动力，是检验真理的唯一标准。我们青年学生要积极投入到实践中去，在实践中提高认识的水平和能力，在实践与认识相互作用和统一的过程中总结经验教训，体验成功的快乐。

案例导入

1989年，19岁的郑久强从唐钢技工学校毕业后，来到唐山钢铁股份有限公司，成为一名转炉炼钢工人。当时，目测钢水温度是炼钢的最关键技术之一。为了练好这项技术，郑久强一方面细心观察老工人的一招一式，虚心请教；另一方面研读炼钢书籍，并在实践中摸索。郑久强把全部精力都投入到工作和学习中，不仅注意总结冶炼操作法，而且注重实践升华。他撰写的《磁选钢渣在150吨转炉冶炼上的应用》《转炉炼钢的脱硫》等论文在同行业中引起了较大的反响。许多单位按照郑久强提出的理论进行实践后，都不同程度地提高了工作效率。2002年，全国冶金系统炼钢职业技能大赛在唐山钢铁股份有限公司举行，经过严格的理论考试和实际操作，郑久强（见图3-1）以总分第一的成绩成为全国炼钢状元，被媒体誉为“华夏第一炼钢工”。

图3-1 郑久强

思考：郑久强的事迹对你学习专业知识、掌握专业技能有什么启示？

——中国文明网

实践是人们改造客观世界的物质性活动。它有两层基本的含义：其一，凡是实践，都是以人为主体、以客观事物为对象的物质性活动；其二，实践是一种直接现实性活动，它可以把人们头脑中的观念转变为现实的存在。

一、在实践中寻找真知

论实践的意义

人们对客观事物的认识是一个辩证发展的过程,是由实践到认识,又由认识到实践的不断反复、无限发展的过程。

(一)实践的基本形式

实践是人们能动地改造世界的活动,是人所特有的创造性活动。实践包括物质生产活动、改造社会活动和科学实验活动。其中,物质生产活动是根本的实践活动,它不断地创造着人类生存和发展的根本条件,构成了人的存在方式。

1. 物质生产活动

物质生产活动,即生产实践,是处理人和自然之间关系的活动。它是人类社会生存和发展的基础,是决定其他一切活动的最基本的实践活动。人们只有在改造自然、征服自然的活动中才能了解自然,把握自然的发展规律以及人和自然的关系,同时也了解人和人的关系。所以,物质生产活动又是人类认识的基本来源。

2. 改造社会活动

改造社会活动是处理人与人之间社会关系的实践活动,即人类的社会交往以及组织、管理和变革社会关系的活动。例如,革命和改革、国家方针政策的制定、法律制度的建设和实施等。在阶级社会中,变革社会关系的实践主要表现为阶级斗争的实践。处理社会关系的客观活动总是制约人们的认识,并成为认识的一个重要来源。

3. 科学实验活动

科学实验活动是科学工作者在科学理论的指导下,按照一定目的、运用特殊的设施和手段,去探索事物规律性的活动。它既包括改造自然的试验,也包括改造社会关系的试验。总之,在现代实践活动中,科学实验活动与生产实践和变革社会关系的实践是相互联系、相互促进、共同发展的。

名人名言

科学就是整理事实,以便从中得出普遍的规律或结论。

——达尔文

体验与探索

爱迪生在英国科学家戴维和法拉第发明了电弧灯后认为:“电弧灯不实用,我一定要发明一种灯光柔和的电灯,让千家万户都用得上。”他着手寻找灯丝的材料:用传统的炭条做灯丝,一通电灯丝就断了。用钌、铬等金属做灯丝,通电后,亮了片刻就被烧断。用白金丝、胡须做灯丝,效果都不理想。就这样,爱迪生实验了 1 600 多种材料。一次次的试验,一次次的失败,终于在 1879 年 10 月,一次偶然的机会,他突发奇想:“为什么不用棉线试一试呢?”他把棉线放在U形密闭坩埚里，拿镊子的手微微颤抖，因此棉线被夹断了，费了九牛二虎之力，才把一根炭化棉线装进了灯泡。接通电源，灯泡发出金黄色的光辉，把整个实验室照得通亮。13个月的艰苦奋斗，又使用了6 000多种材料，终于有了突破性的进展。但这盏电灯仅亮了40小时，后来经过进一步试验，爱迪生发现用炭化后的日本竹丝做灯丝效果最好，灯泡可以亮1 200小时。他把生产的第一批灯泡安装在“加内特号”考察船上，以便考察人员有更多的工作时间。此后，人们便一直使用这种用竹丝做灯丝的灯泡。几十年后，人们又对其进行了改进，即用钨丝做灯丝，并在灯泡内充入惰性气体氮或氩。这样，灯泡的寿命又延长了许多。

(二)实践的特征

1. 实践具有客观物质性

实践是以客观事物为改造对象的活动，是人运用自身的力量，并借助物质工具改造物质对象的物质活动，因而具有直接的现实性。例如，农民种田的对象是土地和农作物，采矿工人的劳动对象是矿藏等，这些对象是自然物。面粉厂工人使用小麦制作面粉，制造厂工人使用钢铁制造机器，这些实践主体、实践结果是客观的。

2. 实践具有主观能动性

与动物的本能活动不同，人的实践活动是有目的的活动，而且这个目的在实践过程开始时，就在实践者的头脑中以观念的形式存在着，并经过实践转化为现实的存在。可见，实践活动的物质性不同于自然运动的物质性。纯粹的自然运动不存在目的性这个因素，人的实践活动则包含着目的性。正是在目的性的引导下，人的实践活动成为自觉的能动活动，并且使目的在实践过程结束时转化为外部的现实的客观实在。例如，人们种田要先有打算和安排，修铁路、造机器、盖房子要先有设计或图样，侦破案件要先有方案等。实践给客观世界打上了深深的人的活动烙印。

3. 实践具有社会历史性

人们只有结成一定的社会关系，才能形成同自然力量相作用的社会力量;个人也只有凭借社会力量才能从事改造自然、改造社会的实践活动。同时，实践又是在历史中不断变化发展的。例如，农民自己去开荒种地，本身就是一种社会性活动。因为开荒种地使用的工具和经验知识都是从社会中获得的。在原始社会人们从事狩猎、捕鱼、采集等活动，使用的工具十分简陋，活动领域十分狭小。随着生产力的发展，到奴隶社会和封建社会，人们从事农业劳动，工具不断改进，活动领域也有了较大扩展。到了机器工业时代和现代社会，人们从事农业、工业、商业、服务业、信息业等各种活动，使用的工具十分精密复杂，活动范围极其宽广。

综上所述，实践是一个不断地由低级到高级、由简单到复杂的历史发展过程。由实践主体、实践对象、实践手段所构成的实践，包括人们改造客观世界的一切活动。它既是客观的物质性的活动，又是人的能动性的活动，这种活动是在一定社会关系中进行的，是变化发展的。

（三）实践对认识具有决定作用

在实践过程中，人与自然、人与社会不仅结成了一定的实践关系，而且形成了一定的认识关系。从根本上说，认识是在实践基础上主体（认识者）对客体（认识对象）的能动反映。

1. 实践是认识的来源

人是在实践活动中通过感官接触事物的现象，并透过现象发现和认识事物本质的。就人类认识而言，认识来源于实践；就个人认识来说，大部分知识来自间接经验，不需要也不可能事事都直接体验。但是，对你是间接经验，对他人可能是直接经验。所以，人类的一切知识归根到底源于实践活动。

名人名言

只有实际生活中可以学习，只有实际生活能教训人，只有实际生活能产生社会思想。

——瞿秋白

（1）认识是适应实践的需要而产生的。人们的认识是对客观事物的反映，但是哪些事物成为人们认识的对象，则取决于人们社会实践的需要和水平。那些与人们的实践需要无关的事物，不会成为人们认识的对象。人类的认识活动，总是围绕着各个时代人们社会实践的需要进行的。在当代，生态环境遭到极大破坏，解决环境问题的迫切需要，促使人们研究环境污染和生态平衡问题，于是，产生了环境科学。现代各种科学研究，其任务都是为了满足某种社会实践需要。

（2）只有在实践中人们才能认识事物的本质和规律。单凭直观的感受，人们对事物也能有一定的认识，但只能使人接触事物的一些表面现象，不能揭示事物的本质和规律。只有在变革事物的实践中，使事物许多隐匿的现象暴露出来，人们才能通过分析大量的现象，揭示事物的本质和规律。

体验与探索

我国古代思想家对实践是认识的来源已有一定程度的阐述。战国时期的荀子说："不登高山，不知天之高也；不临深渊，不知地之厚也。"明末清初的思想家王夫之提出"行先知后"，他以饮食为例，指出食物的味道只有"饮之食之"才能知晓。清初的颜元也十分强调"习行"在人认识中的作用。他举例说，给病人治病，光是熟读医书是不够的，还必须亲自临床，"诊脉、制药、针灸、摩砭"才能治病救人。

2. 实践是认识发展的动力

实践的需要推动认识的发展，并且为认识的发展提供了日益完备的认识工具，在广度和深度上不断推动认识的发展。认识层次的深化、认识广度的拓展和认识形式的改变，归根结底都取决于实践发展的需要。正如恩格斯所说:“社会一旦有了技术的需要,这种需要就会比十所大学更能把科学推向前进。”

例如,人类和疾病做斗争的实践,不断给医学提出新的认识课题,同时不断提供大量临床经验供人们研究,还不断创造出各种医疗仪器和设备用于诊断和治疗,提高人们的认识能力,从而推动医学不断发展。

3. 实践是检验认识真理的唯一标准

真理的本性是主观和客观相符合。认识是不是真理,只有在实践活动中才能得到检验。实践能够把主观的东西变成客观的东西,从而使人的认识与认识指导下的结果进行对照。一般来说,如果一种认识通过实践达到预期目的,就证明主观符合客观,证明这个认识是真理;如果没有达到预期目的,甚至带来负面效果,就证明主观与客观不相符合,证明这个认识是谬误。人们通过多次的实践活动,不仅能满足自己的需要和利益,而且能够检验自己的思想和观念是否符合客观事物及其规律。只有实践才能证实或证伪理论,理论则不能证实或证伪自身。

名人名言

不论过去、现在和将来,我们都要坚持一切从实际出发,理论联系实际,在实践中检验和发展真理。

资料卡片

三角形内角之和等于180°,这是古希腊数学家欧几里得提出的定理。在此之后的2 000多年里,人们一直把它当作任何条件下都适用的真理。随着航海事业的发展和人们对于球面认识的不断深入,这一定理的局限性逐渐暴露出来。19世纪初,俄国数学家罗巴切夫斯基提出:在凹曲面上,三角形内角之和小于180°。由此,人们对于空间的观念发生了革命性的转变。

4. 实践是认识的目的和归宿

认识从实践中来,最终还要回到实践中去。认识本身不是目的,改造世界才是认识的目的和归宿。如果有了正确的认识,却脱离实际,不为实践服务,那么这种认识就失去了它的实际意义。

名人名言

古文学问无遗力,少壮功夫老始成。

纸上得来终觉浅,绝知此事要躬行。

——陆游

典型案例

战国时,赵国名将赵奢的儿子赵括自小爱读兵书,谈起用兵之道滔滔不绝,连他的父亲也难不倒他,他也自以为天下无敌。后来,秦国进攻赵国,赵王派赵括代替老将廉颇为大将军。赵括来到前线长平,先将原有的纪律和规定全部更改,并撤换、重新安排军官,后又冒险出击秦军,被秦军包围了 40 多天,以致粮草断绝,军心涣散。赵括带着一队人马想冲出重围,结果中箭而死,几十万赵军也全军覆灭。这个故事即成语“纸上谈兵”的来源。

案例分析:赵括“纸上谈兵”蕴含的哲学道理:割裂实践和认识、理论和实际的辩证关系,不把理论运用于实践。

人类掌握知识或理论的目的在于在实践中发挥作用,这样的理论和知识才具有生命力。

人们只有根据复杂多变的具体条件灵活地运用理论和知识,并通过实践进一步深化,才能使它成为人类的宝贵财富。再好的理论如果不和实践相结合,就只能是纸上谈兵。赵括就是因死读兵书,不懂得如何应用而兵败身亡的。

总之,实践是认识的来源,是认识发展的动力,是检验认识真理的唯一标准,是认识的目的和归宿。实践是认识的基础,实践对认识具有决定作用。实践的观点是辩证唯物主义认识论首要的、基本的观点。

(四)认识对实践的指导作用

辩证唯物主义认为,一方面实践决定认识,另一方面认识对实践又具有能动的反作用。这种反作用就是理论对实践的指导作用。

1. 实践目标的确立需要理论的指导

智慧点拨

十三届全国人大三次会议精神强调,增强“四个意识”、坚定“四个自信”、做到“两个维护”,紧扣全面建成小康社会目标任务,助力统筹推进疫情防控和经济社会发展工作,履职尽责、担当作为,为完成决战决胜脱贫攻坚目标任务、全面建成小康社会做出应有贡献。下一阶段工作最重要的是抓好落实,把大会部署的各项任务一项一项落到实处,确保完成预定目标任务。

正确的理论解释了事物的本质及其发展规律,能够把握事物的发展方向,预测事物的未来,因此,正确的理论能够帮助人们确立实践的目标。

2. 实践手段、方法的取舍，需要理论的指导

智慧点拨

“改革开放是当代中国最鲜明的特色，是我们党在新的历史时期最鲜明的旗帜。改革开放是决定当代中国命运的关键抉择，是党和人民事业大踏步赶上时代的重要法宝。改革必须坚持正确方向，既不走封闭僵化的老路，也不走改旗易帜的邪路。我们要把完善和发展中国特色社会主义制度、推进国家治理体系和治理能力现代化作为全面深化改革的总目标，勇于推进理论创新、实践创新、制度创新以及其他各方面创新，让制度更加成熟定型，让发展更有质量，让治理更有水平，让人民更有获得感。”“中国方案”来源于我们对发展道路、理论、制度和文化的自信。它对中国人民实现“中国梦”以及“一带一路”沿线国家经济社会的发展具有重大指导和借鉴作用。

当实践的目标确定之后，还有采取什么实践手段、运用什么方法的问题。这就需要运用理论对以往实践的经验进行分析、判断和选择。

3. 实践结果的评判需要理论的指导

要准确评价实践结果，就要去粗取精，去伪存真，对实践做理论上的总结。离开了理论总结，就必然缺乏对实践的科学分析，也就无从总结教训、积累经验，更谈不上对以后实践的正确指导。人类实践的历史表明，用科学的理论指导实践就会取得成功或胜利，而用错误的理论指导实践必然导致挫折或失败。

总之，实践需要理论的指导，没有正确理论的指导，实践的目标就很难把握，实践的方法和实践的手段就无法选择，实践的结果就不能得到公正的评判。因此，坚持理论对实践的指导，可以让我们在实践中少走弯路，不走弯路，尽早取得实践的成功。

二、在实践中快乐成长

实践出真知，只有积极参加社会实践才能获得真正的知识。但是对每一个人来说，由于时间和精力有限，不可能也没有必要事事都去亲身实践，接受间接经验和学习书本知识也是获得知识的重要途径。人类在生产劳动的基础上形成了语言、文字等传播媒体，人类的劳动经验和技能、各种社会生活经验等可以通过语言、文字互相传递，并一代一代地流传下去。不断地接受间接经验和学习书本知识，使人类飞速发展。

(一)人的能力在实践中形成和发展

实践不仅是人的认识的来源，而且是人的能力形成和发展的基础。人要实现什么，就要先获得“实现什么”的能力，如同只有下到水中才能学会游泳，并不断地提高游泳能力一样。我们只有把书本知识应用到现实的实践中，才能使“死知识”转变为自身的“活能力”。

动物的生命活动是以生物“复制”的遗传方式延续其种类的，人的生命活动是以社会的遗传方式延续其种类的。人是生物遗传和社会遗传的统一。人的能力都是在社会中形成和发展

的，是以实践活动为基础的。

对于人而言，每一种能力的形成和发展，归根结底都离不开实践。在物质生产中，我们不断地形成和发展着改造自然的能力；在社会活动中，我们不断地形成和发展着改造社会的能力；在科学实验中，我们不断地形成和发展着认识自然的能力；在日常生活中，我们不断地形成和发展着与他人交往的能力；在实际工作中，我们不断地形成和发展着实际操作的能力。

总之，人的各种能力的形成和发展都来自实践。人在改变外部环境的同时，也在改变着自身能力，这是同一个过程的两个方面。

（二）积极参加社会实践，提高认识水平和能力

与时俱进、开拓创新，在实践中认识和发现真理，在实践中检验和发展真理，是我们不懈的追求和永恒的使命。参加社会实践与学习书本知识是密切联系在一起的。

首先，参加社会实践是理解和接受书本知识的基础。其次，学习书本知识可以克服自身实践的局限性并指导自己的实践。

“读万卷书，行万里路”，就是既要学习书本知识，又要参加社会实践。如果只读书而不实践，就会成为死读书、读死书的书呆子；如果只实践而不读书，就只会有一些狭隘的经验，其实践也只能处在很低的水平上。在当代，科学技术迅猛发展，青年学生只有既积极实践，又认真读书，才会不断提高自己的素质，成为一名合格的劳动者。

智慧点拨

人生发展的能力不是先天形成的，而是在实践和认识循环往复的过程中不断锻炼提高的结果。

（三）在知行统一中体验成功的快乐

实践出真知，实践又需要真知的指导。成功是认识与实践的统一，即知与行的统一。人是“以行而求知，因知以进行”“行其所不知以致其所知”“因其已知而更进于行”。只有在知与行的统一中，我们才能不断提高自身的能力，才能在为社会做出贡献的同时实现自身的价值。

名人名言

知之愈明，则行之愈笃；行之愈笃，则知之益明。

——朱熹

就个人而言，其价值包括自我价值和社会价值。自我价值是个人及其活动对自身的意义；社会价值是个人及其活动对社会的意义。个人的自我价值要通过社会价值来表现和实现，个人只有通过对社会的贡献才能体现自己的人生意义。人的一切都是由人自己来实现的。人能够把客观事物提供的可能性转化为自己的需求和目的，然后通过社会实践去实现这一目的，这就是成功。在知与行的统一、个人与社会的统一中，我们不仅能实现个人的社会价值，而且能实现个人的自我价值。这是一种真正的成功。

成功不是无源之水，它来源于我们刻苦的学习、艰辛的实践。在这一过程中，挫折、失误甚至失败都难以避免。但是，“失败是成功之母”。只有经过实践的检验，我们才能知道自己认识的局限，才能知道自己能力的不足，才能将失败的教训转化为成功的助力。“知行并进而有功”，我们只有正确理解和把握认识与实践、知与行的关系，善于聆听时代声音，勇于坚持真理、修正错误，才能科学而有效地从事实践活动，才能在实践中体会到成功的快乐。

人生感悟

1987年，杨红雷从长城铝业技工学校毕业后成为中国长城铝业公司的一名电焊工。焊接工作被称为“费力不露脸”的工种。然而，正是在这一技术含量较高、文化层次普遍较低的领域，杨红雷在学好理论知识的同时，勤学苦练，勇于实践，用科学手段攻克难关，有效解决了带磁焊接的技术难题。杨红雷（见图3-2）把全部心血都倾注于工作当中，把全部精力都放在了那一根根焊条上，并以过硬的技术获得了“全国技术能手”的光荣称号。

图3-2 杨红雷

杨红雷的事迹对你有哪些启示？

——中国文明网

思考与探索

1. 说说你是怎么理解“实践是检验真理的唯一标准”这句话的。

2. 以“人的正确思想是从哪里来的”为议题，探讨实践对认识的决定作用。可结合专业实践学习，讨论职业能力是在实践中不断提升的。

3. 以“投身实践，体验成功”为主题，召开一次主题班会。

现象本质与明辨是非

第二节　现象本质与明辨是非

我们每天所见的是异彩纷呈的现实世界。多种多样的现象背后，是事物的本质。现象与本质既相互区别又相互联系。本质决定现象，现象表现本质。人们认识事物的目的不在于认识事物的表面现象，而在于揭示事物的内在本质。只有把握事物的本质，才能揭开事物的本来面目，才能明辨是非，并指导我们的实践。

案例导入

买椟还珠

春秋时期，有个珠宝商人，一次，他收购到一颗稀世珍珠，为了卖个好价钱，决定在包装上下功夫。他请木匠用上等的木料做成一个小盒子，用桂椒把它熏得很香，再用珠玉点缀，雕上玫瑰花图案，镶上翡翠，把它装饰得非常美丽豪华，然后把这颗珠宝装在里面。

他带着这颗珠宝和其他一些珠宝到郑国去卖，没几天就卖掉了许多珠宝，只有这颗珠宝因为价钱实在太贵一直无人问津。

一天店铺打烊的时候，来了一位衣着华丽的顾客，那顾客扫视了一下陈列的珠宝，把眼光落在了那只小盒子上。那人打开盒子看了看珠宝，又合上盒盖，仔细地端详起小盒子来。他抚摸着小盒子外面的翡翠和珠宝，看着小盒子上的图案，闻了闻小盒子上的香味，赞不绝口地说："嗯，好香，好漂亮，这么好的东西，我买了。"那人付了钱，把珠宝放在柜台上，说："这个小圆石不值什么钱，我不要。"说完，边走边欣赏着那个小盒子。

图 3-3　买椟还珠

思考：请从现象与本质关系的角度，谈谈你对这个事例(见图 3-3)的看法。

一、把握事物的本质

典型案例

公元2世纪，天文学家托勒密主张“地心说”，认为地球是宇宙的中心，太阳、月亮以及其他天体，都在绕着地球转动。这种错误的宇宙观在欧洲统治了1000多年，直到后来波兰天文学家哥白尼长期观测、研究，写出了《天体运行论》，才第一次透过现象，正确地揭示了地球和其他行星围绕太阳旋转的本质和规律。

案例分析：现象和本质的统一，说明了科学研究的可能性，表明我们可以通过分析事物的现象达到对事物本质的认识。

现实存在的每一事物既是内容和形式的统一体，又是现象和本质的统一体。在生活中，可以时时、处处体会到本质与现象的辩证关系。例如，我们看到的赤橙黄绿青蓝紫等颜色，它们本质上是由电磁波的频率决定的；市场上商品价格上下浮动的现象，它们本质上是由价值规律决定的。科学认识的任务，就在于透过事物的现象，把握其内在的本质。认识的根本任务是经过感性认识上升到理性认识，透过现象，抓住事物的本质和规律。

智慧点拨

“我看到了苹果落地，怎么没看到万有引力？”

什么是现象？什么是本质？“苹果落地”是现象，可以通过我们的眼睛观察到。“万有引力”是本质，只能由人的理性思维去把握。

（一）现象与本质的关系

所谓现象，是指事物的表面特征和外部联系。人们对事物的认识只能从现象开始，首先把握事物的外在形式，由此形成的认识就是感性认识。

本质则是指事物的根本性质，是构成事物的基本要素之间的内在联系。本质反映事物的根本性质和内在联系。它是由事物本身所固有的特殊矛盾所决定的，是一事物区别于其他事物的内在根据。要真正认识某一事物，归根结底就是认识这一事物的本质，而认识了事物的本质就达到了理性认识。

1. 现象与本质是相互区别的

现象不同于本质，本质也不同于现象，现象是事物的表面特征的外部联系，表现于“外”，可以被人们的感官直接感知，本质则是事物的根本性质和内在联系，深藏于“内”，只有通过抽象思维才能把握；现象是个别的、具体的、多样的，本质则是同类现象中一般的、抽象的、统一的；现象多变易逝，本质则相对稳定。

体验与探索

太湖蓝藻暴发

蓝藻是最原始、最古老的藻类植物之一。营养丰富的水体可促使蓝藻大量繁殖，导致水面上形成一层蓝绿色的、带有腥臭味的浮沫。有些蓝藻还会产生毒素，加剧水质恶化，对鱼类等水生动物甚至人均有很大危害。2007年五六月间的太湖蓝藻暴发，这是因为生活和工业污水过多地注入太湖，加之天气炎热，致使湖水富营养化，蓝藻大量繁殖。太湖蓝藻暴发，实质上是由于人们的不当行为造成了太湖污染，其根源在岸上。

在社会生活中，一个人的言行是外在的、可以直接感知的；而支配他的言行的思想品德则是内在的、不能直接感知的，只有经过理性认识才能了解。人的言行都是个别的、具体的，而且是多变的；而贯穿其言行中的思想品德，尽管也是变化的，但是相对其言行来说，在一段时间内则是相对稳定的。

2. 现象与本质又是相互联系的

现象是本质的表现，本质是现象存在的根据；本质只有通过现象才能表现出来，从而为我们所感知和认识。任何事物都是本质与现象的统一，反过来说，本质与现象统一于同一个事物之中，不表现任何本质的现象和不表现为任何现象的本质，都是不存在的。换言之，既没有脱离本质的纯粹的现象，也没有脱离现象而孤立存在的本质。

典型案例

和尚和公差

从前，有个和尚犯了罪，一个公差押解他到远方去。夜间，投宿在旅店里。和尚买了酒，劝公差喝，把公差灌得烂醉如泥，又剃了公差的头发，便悄悄地逃走了。公差醒酒之后，发现和尚不见了，他找遍旅店的每个角落也没找到，后悔自己不该贪杯闯下大祸。他无意中伸手拍拍自己的脑袋，没有想到，自己的脑袋上已没有头发，成了秃子。他便大喊："和尚倒在这里，可我到哪里去了。"

案例分析：唯物辩证法认为，透过现象看本质，这种现象一定是与本质有着必然联系的现象，但不能把某一现象直接等同于事物的本质。和尚是秃头，而秃头未必是和尚。某一点的外部特征，不足以表现事物的本质。这个公差，就是在情急之下，犯了这样的错误，闹出了一个"忘我"的大笑话。这就启示我们，判断事物的本质不能只从一种现象去把握，而应根据全面情况从"全部总和"中去把握事物，同时这种现象和本质有着一种必然的联系。只有这样，我们才能认识事物的本质。

在自然界中，云中放电一定会产生巨大的光和声音，表现为雷电现象，雷电现象是云中放电的表现。军事家在战争中制造假象，迷惑敌人，如"声东击西""明修栈道，暗度陈仓"等，这些假象表现了军事家的才能和智慧。

总之，现象与本质的区别和对立，决定了科学研究的必要性，正如马克思所说，“如果事物的表现形式和事物的本质会直接合而为一，一切科学就都成为多余的了”。现象与本质的联系和统一，决定了科学研究的可能性，所有科学研究的任务，就在于透过现象把握本质。

(二)感性认识与理性认识的关系

感性认识与理性认识的关系

在认识活动中，人们首先通过自己的感觉器官以及认识工具，形成对外部世界的直接反映，形成感性认识。感性认识是对事物的现象、外部联系的认识，是认识过程的初级阶段。理性认识是认识过程的高级阶段，是人们借助抽象思维对感性认识所提供的材料进行加工、整理、概括而形成的关于事物的本质、内部联系的认识。

1. 感性认识与理性认识是相互区别的

感性认识不同于理性认识，理性认识也不同于感性认识。感性认识是理性认识的前提，为理性认识提供鲜活、生动的感性材料；理性认识是感性认识的深化和升华，是通过概念、判断和推理形成的关于事物的本质和规律的认识。例如，许多天文现象，如流星雨、日全食、日偏食等，都可以借助观测仪器直接观察到，这些属于感性认识，但要想了解产生这些天文现象的原因，进而把握它们的变化规律，就必须借助抽象思维，形成理性认识。

感性认识的特点是直接性和形象性。它是对事物的直接反映，因而是可靠的。但它反映的仅限于事物的外部形象和表面特征，因而又是有局限性的。理性认识的特点是间接性和抽象性。它是通过对感性形象的反映，深入到事物的本质，因而具有间接性。它超出了对事物感性形象的反映，深入到了事物的本质，因而具有抽象性。这两个特点决定了它比感性认识更高级，但同时也使它容易脱离现实。

2. 感性认识与理性认识又是相互联系的

第一，理性认识依赖于感性认识，这是认识论中的唯物主义。本质是通过现象表现出来的，只有透过现象才能揭示本质，只有通过对感性认识进行概括、抽象才能形成理性认识。离开感性认识就没有理性认识。

第二，感性认识有待于发展到理性认识，这是认识论中的辩证法。感性认识只是对事物表面现象的反映，不能很好地指导人们的实践。只有反映事物本质的理性认识，才能很好地指导人们的实践。感性认识必须上升到理性认识。

从感性认识到理性认识，是认识过程的一次飞跃。实现这一飞跃，必须具备两个条件：一是深入实践活动，尽可能地占有客观而丰富的感性材料，这是实现感性认识上升到理性认识的前提和基础；二是运用科学的思维方法对感性材料进行加工，“去粗取精、去伪存真、由此及彼、由表及里”，从而发现事物的本质，把握事物的规律。

二、提高辨别是非的能力

智慧点拨

你看到的下面这些静止的图片(见图3-4)是不是在动呢?据心理医生说,图片与心理承受力有关,你的心理承受力越强,图片运动越慢。美国曾经以此作为犯罪嫌疑人的心理测试项目,据说犯罪嫌疑人看到的图片是高速运动的。

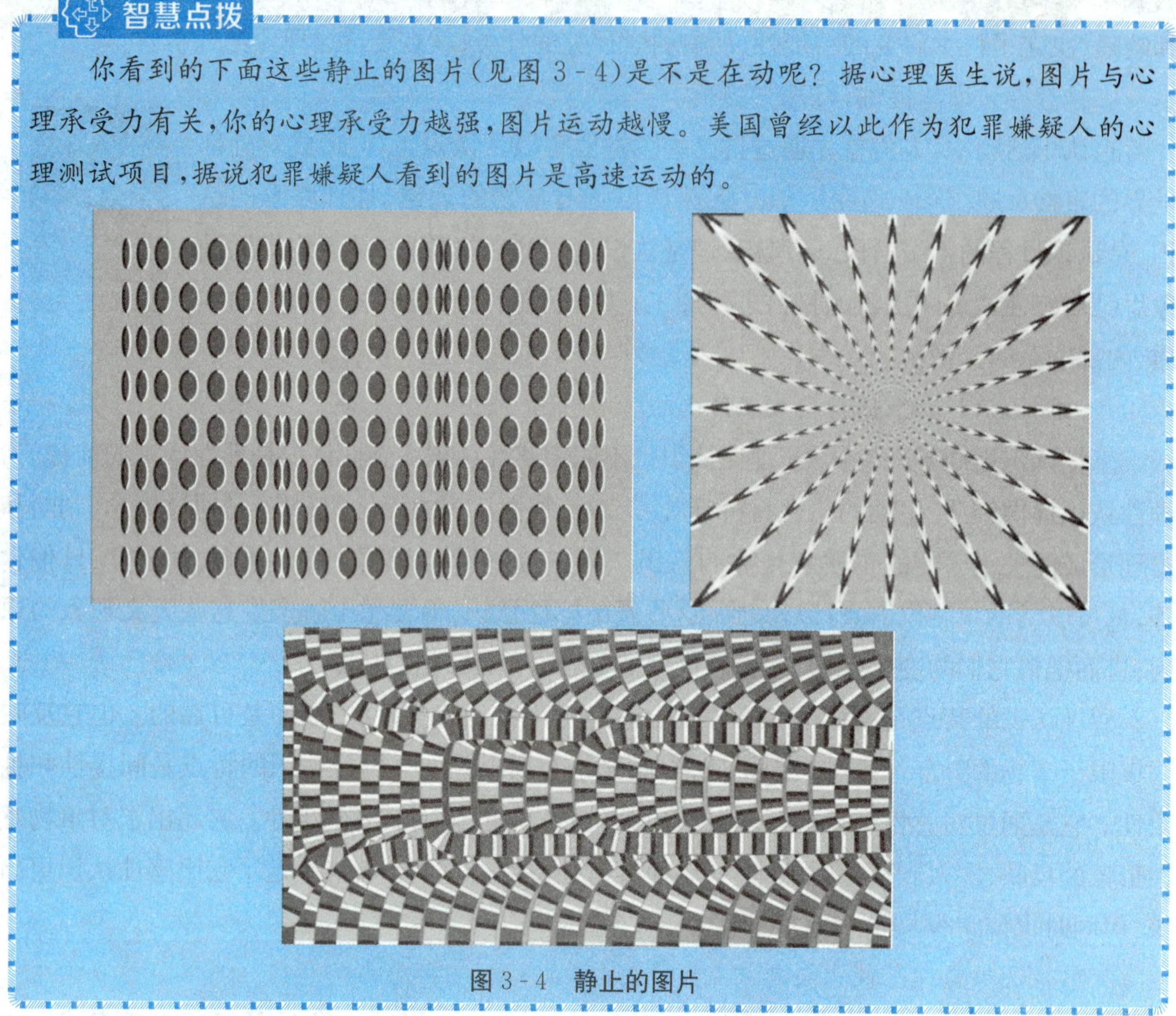

图3-4 静止的图片

(一)真相、假象、错觉

现象有真相与假象之分。真相是以真实的、直接的、肯定的形式反映事物本质的现象;假象则是以虚假的、歪曲的、否定的形式反映事物本质的现象。尽管假象是一种与本质对立的最为明显、最为突出的现象,但它也是由本质所决定的,同样是事物本质的表现。

这就是说,尽管真相与假象在表现事物本质的方式上相互对立,但它们都是客观的现象。假象也有客观依据,但对于认识事物的本质来说,假象则具有迷惑性、欺骗性。例如,生活中的“变酒”魔术,魔术师“变来”的酒并非魔术师凭空“变来”;自然现象中的海市蜃楼,并非云中真有楼。

与真相、假象不同,错觉是由主观的幻想、臆想造成。它产生于主体内部,是虚幻的主观现象,并没有真实地反映实际存在的事物。例如,“一朝被蛇咬,十年怕井绳”,心理上的恐惧使得一根草绳被歪曲地表现为一条毒蛇,这就是错觉。在一定意义上说,错觉是主体自身的“无中生有”或“照猫画虎”。如果在错觉的基础上进行认识,最终将一无所获。

(二)识别假象，明辨是非

假象之所以产生，一方面是因为人们的感觉器官受到生理条件局限性的限制，受到认识工具局限性的限制；另一方面是因为事物本质有一个形成和逐步展开的过程，本质的暴露也需要一个过程。实践与认识的辩证关系启示我们，应该在实践的基础上不断提高自己的认识能力，分清真相与假象。

假象具有迷惑性，它有时只从一个特定的侧面表现事物，有时只从一个特定的阶段表现事物，却给人一种全面的、整体的印象。假象以虚假的形式，歪曲地体现了事物的本质。如果对事物的现象不加分析，分不清真相与假象，就难以把握事物的本质。

在纷繁复杂的现象面前，我们不能仅仅依据日常经验——“跟着感觉走”，更要具有批判精神和分析能力——“牵着理性的手”，分清假象与真相、分析本质与现象，从而明辨是非。

体验与探索

美国科学家本杰明·富兰克林是在进行了大量的实验，对大量的电火花现象和雷电现象进行分析比较的基础上，揭示了雷电现象的本质。他在1749年指出：闪电和电火花都是瞬时的，都产生相似的光和声音，光和声音都集中在物体的尖端；它们都能破坏磁性，或使磁体的极性倒转过来；它们都能杀死生物有机体。1752年他又进行了著名的风筝试验(见图3-5)，将雷电云层中的电荷收集到一种电学仪器莱顿瓶中，并证明这种电荷同发电机所产生的电荷效应上是一样的。这样才认识到雷电现象的本质是云中放电。

图3-5 风筝试验

(三)提高认识事物的能力

事物的现象有真相与假象的区别，在日常生活中我们又往往产生错觉，这为我们透过现象认识本质，并把正确的认识应用到实践中增加了难度。因此，我们要学会辩证思维，不断提高自己的认识能力，为明辨是非打下坚实的基础。

首先，要提高自己的认识能力，就要积极参加实践活动。经历本身就是一笔财富。只有通过实践，才能检验自己的认识是否把握了事物的本质，才能分清真相与假象。人的认识能力只有在实践过程中才能从一种潜在的状态转变为一种现实的力量。

其次，要提高自己的认识能力，就要树立不断发展的观念。认识进程从个别到特殊再到一般。相对于个别，特殊就是隐藏在个别现象中的本质；相对于特殊，一般就是隐藏在特殊中的本质。认识从个别到特殊再到一般，把握事物的本质，这就是一个认识逐步深入、不断发展的过程。

最后，要提高自己的认识能力，就要把握辩证思维方法。辩证法本身就是方法论。我们要把辩证法转化为辩证思维方法，正确分析矛盾，在对立中把握统一，在统一中把握对立，不断提升辩证思维能力，从而不断提高认识能力。

资料卡片

辽宁号航空母舰，简称“辽宁舰”，是中国人民解放军海军第一艘可以搭载固定翼飞机的航空母舰。前身是苏联海军的库兹涅佐夫元帅级航空母舰次舰瓦良格号，改装后中国将其称为001型航空母舰。20世纪80年代中后期，瓦良格号于乌克兰建造时遭逢苏联解体，建造工程中断，完成度68%。1999年，中国购买了瓦良格号，于2002年3月4日抵达大连港。2005年4月26日，开始由中国海军继续建造改进。解放军的目标是对此艘未完成建造的航空母舰进行更改制造，并将其用于科研、实验及训练用途。2012年9月25日，正式更名“辽宁号”，交付中国人民解放军海军。2013年11月，辽宁舰从青岛赴中国南海展开为期47天的海上综合演练，其间中国海军以辽宁号航空母舰为主编组了大型远洋航空母舰战斗群，战斗群编列近20艘各类舰艇。这是自冷战结束以来除美国海军外西太平洋地区最大的单国海上兵力集结演练，亦标志着辽宁号航空母舰开始具备海上编队战斗群能力。2018年4月12日，辽宁舰编队亮相南海大阅兵。2020年4月，根据年度计划安排，中国海军组织辽宁舰航母编队跨区机动，航经宫古海峡、巴士海峡，到南海有关海域开展训练，这是年度计划内的例行性安排。

辽宁号航空母舰（见图3-6）是中国海军发挥自己的主观能动性，运用科学思维方法，对苏联海军库兹涅佐夫元帅级航空母舰次舰进行了创造性加工制作而成，这是一个发挥主观能动性、开动脑筋的过程。

图3-6　辽宁号航空母舰

人生感悟

邹忌修八尺有余，而形貌昳丽。朝服衣冠，窥镜，谓其妻曰："我孰与城北徐公美?"其妻曰："君美甚，徐公何能及君也?"城北徐公，齐国之美丽者也。忌不自信，而复问其妾曰："吾孰与徐公美?"妾曰："徐公何能及君也?"旦日，客从外来，与坐谈，问之客曰："吾与徐公孰美?"客曰："徐公不若君之美也。"明日徐公来，孰视之，自以为不如；窥镜而自视，又弗如远甚。暮寝而思之，曰："吾妻之美我者，私我也；妾之美我者，畏我也；客之美我者，欲有求于我也。"

于是入朝见威王，曰："臣诚知不如徐公美。臣之妻私臣，臣之妾畏臣，臣之客欲有求于臣，皆以美于徐公。今齐地方千里，百二十城，宫妇左右莫不私王，朝廷之臣莫不畏王，四境之内莫不有求于王：由此观之，王之蔽甚矣。"

你在生活中遇到过邹忌所遇到的情形吗？你应如何做才能明辨是非？

思考与探索

1. 以"为什么眼见不一定为实"为议题，就现象与本质不符合的典型事例进行分析，不为假象所迷惑，学会透过现象认识本质，提高辨识真善美、假丑恶的能力。

2. 谈一谈应如何提高自己明辨是非的能力。

第三节　科学思维与创新能力

科学思维

人的认识活动与思维方法密切相关，善于运用科学思维方法和辩证思维方法，将会提高我们的创新能力。创新是民族的灵魂，是社会发展的不竭动力。没有创新，就没有人类的发展和社会的进步。我们要学会科学思维、辩证思维，提高自己的创新能力，成为创新型人才。

案例导入

一举三得

传说宋真宗在位时，皇宫曾起火。一夜之间，大片的宫室楼台变成了废墟。宋真宗派丁谓主持修缮工程。当时，要完成这项重大的建筑工程，面临着三大问题：第一，要运来大量新土；第二，要运来大批木材和石料；第三，需要把大量的垃圾清理掉。丁谓研究了工程之后，制订了这样的施工方案：

首先，从施工现场向外挖了若干条大深沟，把挖出来的土作为施工需要的新土备用，这样就解决了新土问题。第二步，从城外把水引入所挖的大沟中，这样就可以利用木排及船只运送木材石料，解决了木材石料的运输问题。最后，等到材料运输任务完成之后，再把沟中的水排掉，把工地上的垃圾填入沟内，使沟重新变为平地。按这个方案施工，取得了"一举三得"的效果。

思考：丁谓的施工方案，如何取得了"一举三得"的效果？他运用了什么思维方法？

一、培养科学的思维方法

智慧点拨

人类活动是具有创造性的实践活动。人们在认识世界、改造世界的实践过程中发展着自己的思维能力，不断有所发现、有所发明、有所创造、有所前进。生活在现代社会，无论我们从事什么工作，面对什么机遇和挑战，每个人都应该学会科学地思维。

所谓方法，就是指为解决理论、实践的特定任务所采取的途径、手段。科学思维方法是科学研究的一般方法，是各门具体科学通用的思维规则、思维程序、思维手段，是各门具体科学的共同的方法。科学思维方法与辩证思维方法一起，构成了现代思维方法的总体框架。

（一）科学思维

1. 归纳与演绎

归纳是从个别事实走向一般概念、结论的思维方法。归纳过程是从个别到特殊、从特殊到一般的思维运动。例如，一种草药，人们为什么会发现它能治好某种疾病呢？原来，这是经过无数次经验积累的结果。由于某一种草无意中治好了某一种病，第二次、第三次……都治好了这种病，于是，人们就把这几次经验积累起来。这样，一次次个别经验的认识就上升到对这种草能治某一种病的一般性认识。

演绎是从一般的概念、原理走向个别结论的思维方法。演绎过程是从一般到特殊、从特殊到个别的思维运动。例如，达尔文依据赖尔的地质演化论，搜集了大量关于动植物品种演变的资料，经过归纳后提出了物种起源理论。这里，赖尔的理论就为达尔文提供了科学归纳的方向。

在辩证思维运动中，归纳以演绎为前导，演绎以归纳为基础，它们是互为前提、互相促进的关系。它们是统一的人类认识过程中的相互对立又相互联系的两种思维方法。

2. 分析与综合

分析就是把事物的整体或过程分解成各个要素，分别加以研究的一种思维方法和思维过程。例如，5W+1H 分析方法在日常工作中的运用。5W+1H 是对选定的项目、工序或操作，都要从原因（why）、对象（what）、地点（where）、时间（when）、人员（who）、方法（how）六个方面提出问题并进行思考。在工作中，我们可以用 5W+1H 方法分析工作，帮助我们梳理思路，抓住重点，防止遗漏，更好地完成工作。

综合就是把分解开来的各个要素结合起来，组成一个整体的思维方法和思维过程。只有对事物各种要素从内在联系上加以综合，才能正确地认识整个客观对象。例如，只有全面考察根、茎、叶、花、果之间的内在联系，把这些要素综合为一个统一体和过程，才能弄清楚种子植物的发育、生长和衰亡。

分析与综合密不可分。分析与综合是统一的科学思维方法，我们既要注意在综合指导下的深入分析，又要注意在分析基础上的综合。

3. 抽象到具体

抽象是思维中的一种简单规定，这种规定是客观事物某方面的属性在思维中的概括。

具体是指思维中的具体。抽象上升到具体的方法，是辩证思维的基本方法。

名人名言

具体之所以具体，因为它是许多规定的综合，因而是多样的综合。

——马克思

由抽象到具体的辩证思维方法同其他科学的辩证思维方法一样，是建立在唯物主义基础上的。应当注意，人们在运用这一科学思维时，应当使逻辑行程同客观事物的历史的认识过程相符合，坚持逻辑和历史的一致的辩证思维原则。

(二)科学思维方法在认识过程中的作用

智慧点拨

在科学思维过程中，在对思想材料进行“去粗取精、去伪存真、由此及彼、由表及里”的加工制作过程中，各种辩证思维不是孤立的，而是相互联系、相互补充和相辅相成的。

科学思维方法一旦形成，就具有某种相对独立性，对人的认识活动的有序进行起着规范作用，规定着认识活动的发动、运行和转换的具体途径，从而成为人们认识客观事物，创造观念产品的工具和手段。

科学思维方法在认识过程中的主要作用，就是使繁杂的感性材料有序化，使之形成某种合理的联系。没有科学思维方法，我们甚至连两个最简单的事实都无法联系起来。例如，没有因果分析法，我们就无法找出“摩擦”与“生热”之间的联系。科学思维方法规范着人们对信息的选择和组织，规范着信息处理的具体操作过程，从而决定着信息运行的线路和信息转换的结果。

科学思维方法不同于经验思维方法。经验思维方法借助习惯和常规，经常用“老眼光”来认识“新问题”。科学思维方法则以科学和动态的视角分析问题，使人们形成思维的新角度、新思路，产生认识的新领域、新层次。思维方法直接影响认识活动的成果，决定着人们能否正确认识客观事物。

体验与探索

蔡伦造纸

在蔡伦以前的中国，书籍大多是用竹子做的，这样的书显然极其笨重。有些书是用丝绸做的，代价昂贵，得不到普及。蔡伦在总结前人制造丝织品的经验的基础上，在洛阳发明了用树皮、破渔网、破布、麻头等做原料，制造成了合适书写的植物纤维纸，才使纸成为普遍使用的书写材料。蔡伦造纸过程，如图 3-7 所示。

图 3-7 蔡伦造纸过程

名人名言

要使人成为真正有教养的人，必须具备三个品质：渊博的知识、思维的习惯和高尚的情操。知识不多就是愚昧；不习惯于思维，就是粗鲁或蠢笨；没有高尚的情操，就是卑俗。

——车尔尼雪夫斯基

（三）辩证思维方法与科学思维方法的关系

辩证思维方法属于哲学思维方法，是以归纳与演绎、分析与综合、具体到抽象为基本形式的思维方法。辩证思维方法与科学思维方法属于两个不同系列的方法。辩证思维方法从普遍联系、运动发展的角度来揭示事物的关系，体现的是人类思维的一般规律；科学思维方法则是在确认普遍联系、运动发展的前提下，从某种特定的视角研究事物的关系。例如，作为一种科学思维方法，系统方法就是从系统与要素、整体与部分关系的视角揭示事物联系和发展的方法。

辩证思维方法与科学思维方法存在着密切联系。

一方面，辩证思维方法是科学思维方法的前提，因为任何一种思维形式都要遵循人类思维的一般规律，而辩证思维方法体现的就是人类思维的一般规律，依据的就是事物发展的一般规律。

另一方面，科学思维方法是辩证思维方法的具体化，如作为一种科学思维方法，信息方法就是把联系凸显出来，并给予这些关系以定量化的描述。

在科学既高度分化又高度综合的今天，科学思维与辩证思维的联系变得越来越重要。我们要善于把握科学思维方法与辩证思维方法的关系，从而不断提高创新能力。

二、培养创新思维

创新思维是一种具有开创意义的思维活动，即开拓人类认识新领域、开创人类认识新成果的思维活动，往往表现为发明新技术、形成新观念、提出新方案、做出新决策、创建新理论。

1. 发散思维

发散思维又称辐射思维、放射思维、扩散思维或求异思维，是指大脑在思维时呈现的一种扩散状态的思维模式，它表现为思维视野广阔，呈现出多维发散状。例如，“一题多解”“一事多写”“一物多用”等方式。

在实际思维过程中，从不是每次都向各个方向均匀地发散的，而是可能主要沿着某一类方向思考并解决问题，这样，人们就总结了一些具体的创新思维方法，这些可以看作发散思维的分化，大致有以下两种。

（1）逆向思维。逆向思维是一种与人们通常考虑问题的方向相反的思考方法。在某些情况下，逆向思维常会取得意想不到的效果。

体验与探索

司马光砸缸

北宋史学家司马光小时候聪颖过人。有一次，他跟小伙伴们在后院玩耍。院子里有一口大水缸，有个小孩爬到缸沿上玩，一不小心，掉到缸里。如果按照正常思维，从水缸上面打捞救人，可能因为缸大水深，在场的孩子们又太小而耽误了救人时机。当时年幼的司马光急中生智，从地上捡起一块大石头，使劲向水缸砸去，“砰”，水缸破了，缸里的水流出来了，被淹在水里的小孩也得救了。

(2)侧向思维。侧向思维又称“旁通思维”，是发散思维的一种，这种思维的思路、方向不同于正向思维、多向思维和逆向思维，它是沿着正向思维旁侧开拓出新思路的一种创造性思维。通俗地说，侧向思维就是利用其他领域的知识和资讯，从侧向迂回地解决问题的一种思维形式。世界万物是彼此联系的，从别的领域寻找启发、方法，可以突破本领域常有的思维定式，打破专业障碍，从而解决问题，或者对问题做出新颖的解释。

体验与探索

“叩诊”的来源

一百多年前，奥地利的医生奥恩布鲁格，想解决怎样检查出人的胸腔积水这个问题，他想来想去，突然想到了自己的父亲。他的父亲是酒商，在经营酒业时，只要用手敲一敲酒桶，凭叩击声，就能知道桶内有多少酒，奥恩布鲁格想：“人的胸腔和酒桶相似，如果用手敲一敲胸腔，凭声音，不也能诊断出胸腔中积水的病情吗?”“叩诊”的方法就是这样被发明出来的。

2.联想思维

联想思维是指在人脑记忆表象系统中由于某种诱因使不同表象发生联系的一种思维活动。联想思维的基本类型有四种：接近联想、相似联想、对比联想、因果联想。

体验与探索

微波炉的发明

美国工程师斯本塞在做微波空间分布情况的试验时，发现衣兜内的巧克力被融化。是什么原因使巧克力融化呢？他由此联想到，微波能融化巧克力，一定也会使其他食物由于内部分子振荡而温度升高，通过联想，他发明了微波炉(见图3-8)。

图3-8　微波炉

名人名言

想象力比知识更为重要，因为知识是有限的，而想象力可以概括世界上的一切，推动着科学的进步，是知识进化的源泉。严格地说，想象力是科学研究中的实在因素。

——爱因斯坦

3. 收敛思维

收敛思维也叫作“聚合思维”“求同思维”“辐集思维”或“集中思维”，是指在解决问题的过程中，尽可能利用已有的知识和经验，把众多的信息和解题的可能性逐步引导到条理化的逻辑序列中去，最终得到一个合乎逻辑规范的结论。

科学思维中所说的创新思维，不是泛指所有思维都具有的能动性，而是特指人们在实践中有所发现、有所发明的思维活动。创新思维能力是一种综合能力的体现。

典型案例

碰倒纺车的启示

“珍妮纺织机”的发明者詹姆斯·哈格里沃斯(英国发明家)是一个普通工人。他既能织布，又会做木工。妻子珍妮是一个善良勤勉的纺织能手，她起早贪黑，一天忙到晚，可纺纱总是不多。哈格里沃斯每次看到妻子既紧张又劳累的样子，总想把这老掉牙的纺车改进一下。

一天，他无意中把家里的纺车碰翻了，他看到原来水平放置的纺车锤变成了垂直竖立，仍在不停地转动。这一偶然事件，使他得到启示：既然纺锤竖立时仍能转动，要是并排使用几个竖立的纺锤，不就可以同时纺出好几根纱了吗？他说干就干，终于试制成装有纺锤的新式纺织机，并给它命名为“珍妮纺纱机”(见图 3-9)。这项发明比旧纺织机提高了几十倍效率，被恩格斯称为“使英国工人的状况发生根本变化的第一个发明”。

图 3-9 珍妮纺纱机

案例分析：解决复杂问题，往往需要人们的思维结合实际情况，反复地发散—聚合—发散—聚合。要充分发挥想象，巧妙捕捉灵感，以科学知识为基础，以求真务实精神为向导。

三、提高创新能力

智慧点拨

华为成功的秘密就是创新。“不创新才是华为最大的风险。”华为总裁任正非的这句话道出了华为骨子里的创新精神。回顾华为的发展历程，发现华为几乎捕捉到了通信产业20多年来每一次发展大势和机遇。现在，云计算被视为科技界的一场革命，华为依托强大的技术研发能力，借助云计算进行产业转型升级，实现“云管端”一体化，从单纯的CT产业向整个ICT产业扩张，将终端和软件服务领域作为未来成长的空间。

华为以创新求发展对你的人生发展有哪些启示？

（一）创新思维的特点

1. 联想性

联想是将表面看来互不相干的事物联系起来，从而达到创新的界域。联想性思维可以利用已有的经验创新，如我们常说的由此及彼、举一反三、触类旁通，也可以利用别人的发明或创造进行创新。联想是创新者在创新思考时经常使用的方法，也比较容易见到成效。

能否主动地、有效地运用联想，与一个人的联想能力有关，然而在创新思考中若能有意识地运用这种方式则是有效利用联想的重要前提。任何事物之间都存在着一定的联系，这是人们能够采用联想的客观基础，因此联想最主要方法是积极寻找事物之间的一一对应关系。

2. 求异性

创新思维在创新活动过程中，尤其在初期阶段，求异性特别明显。它要求关注客观事物的不同性与特殊性，关注现象与本质、形式与内容的不一致性。

英国科学家何非认为：“科学研究工作就是设法走到某事物的极端而观察它有无特别现象的工作。”创新也是如此。一般来说，人们对司空见惯的现象和已有的权威结论怀有盲从和迷信的心理，这种心理使人很难有所发现、有所创新。而求异性思维则不拘泥于常规，不轻信权威，以怀疑和批判的态度对待一切事物和现象。

3. 发散性

发散性思维是一种开放性思维，其过程是从某一点出发，任意发散，既无一定方向，也无一定范围。它主张打开大门，张开思维之网，冲破一切禁锢，尽力接受更多的信息。可以海阔天空地想，甚至可以想入非非。人的行动自由可能受到各种条件的限制，而人的思维活动却有无限广阔的天地，是任何别的外界因素难以限制的。

发散性思维是创新思维的核心。发散性思维能够产生众多的可供选择的方案、办法及建议，能提出一些独出心裁、出乎意料的见解，使一些似乎无法解决的问题迎刃而解。

4. 逆向性

逆向性思维就是有意识地从常规思维的反方向思考问题的思维方法。如果把传统观念、常规经验、权威言论当作金科玉律，则常常阻碍我们创新思维活动的展开。因此，面对新的问题或长期解决不了的问题，不要习惯于沿着前辈或自己长久形成的、固有的思路思考问题，而应从相反的方向寻找解决问题的办法。

资料卡片

欧几里得几何学建立之后，从公元5世纪开始，就有人试图证明作为欧氏几何学基石之一的第五公理，但始终没有成功，人们对它似乎陷入了绝望。1826年，罗巴切夫斯基运用与过去完全相反的思维方法，公开声明第五公理不可证明，并且采用了与第五公理完全相反的公理。从这个公理和其他公理出发，他终于建立了非欧几何学。非欧几何学的建立解放了人们的思想，扩大了人们的空间观念，使人类对空间的认识产生了一次革命性的飞跃。

5. 综合性

综合性思维是把对事物各个侧面、部分和属性的认识统一为一个整体，从而把握事物的本质和规律的一种思维方法。综合性思维不是把事物各个部分、侧面和属性的认识，随意地、主观地拼凑在一起，也不是机械地相加，而是按它们内在的、必然的、本质的联系把整个事物在思维中再现出来的思维方法。

典型案例

美国在1969年7月16日，实现了"阿波罗"登月计划。参加这项工程的科学家和工程师达42万多人，参加单位2万多个，历时11年，耗资300多亿美元，共用700多万个零件。美国"阿波罗"登月计划总指挥韦伯曾指出："阿波罗计划中没有一项新发明的技术，都是现成的技术，关键在于综合。"

案例分析：阿波罗计划是充分运用综合性思维方法进行的最佳创新。

(二)自觉培养创新意识、创新精神

1. 培养创新意识

创新意识是指激发创造新观念和新事物的意识，表现为转变思维方式，突破思维定式，超越常识观念。就像雷达有其盲区一样，人的思维也有自己的盲区。在人们的日常生活中，这个思维盲区就是常识。在日常生活的范围，我们要尊重常识；在研究的领域，我们又要超越常识。科学史一再表明，人类思想的任何进步都是在突破、超越常识中实现的。因此，我们要自觉培养创新意识。

要自觉培养创新意识，就要大胆怀疑，具有一种积极的、健康的怀疑精神，要有求知欲，具有一种求新知的精神。马克思的女儿问马克思最喜欢的格言是什么时，马克思的回答是"怀疑一切"。

要自觉培养创新意识，就要大胆设想。假说或假设是科学发展的基本形式之一，许多科学发现都是建立在科学家假设的基础之上的。哥白尼的"日心说"最初就是一种大胆的假说。牛

顿的万有引力定律起初也是一种假设。

2. 培养创新精神

创新精神是指能够综合运用已有的知识、信息、技能和方法，提出新方法、新观点的思维能力和进行发明创造、改革、革新的意志、信心、勇气和智慧。主要表现以下六个方面。

(1)首创精神。首创就是要有敢为天下先的理念，首创精神是创新之魂。

(2)进取精神。强烈的、永不休止的进取精神就是要勇于接受严峻的挑战。进取精神包括四种意识，即革新意识、成就意识、开拓意识和竞争意识。

(3)探索精神。人们的探索欲望常常表现为强烈的好奇心和对真理不懈的追求，为此，会产生强烈的求知欲。

(4)拼搏精神。强烈的求知欲要靠顽强的毅力和拼搏精神来支撑。因此，没有百折不挠的毅力、不怕困难、不怕失败、不畏风险和抵抗压力的精神，就不可能获得创新的成功。

(5)献身精神。观察所有的成功者取得成功的原因，无一例外都是他们在人生道路上具有崇高的理想和信念，具有献身精神。

(6)求是精神。实事求是是科学精神，它既不是墨守成规，又不是异想天开。人们越是能够实事求是，思想行动越是合乎实际情况和客观规律，也就越能够发挥创造精神。有了实事求是精神，就可排除一切干扰，向着既定的目标，奋然前行。

体验与探索

2015年12月10日，中国中医研究院终身研究人员兼首席研究员屠呦呦，因开创性地从中草药中分离出青蒿素应用于疟疾治疗而获得当年的诺贝尔医学奖。这是在中国本土进行的科学研究首次获得诺贝尔奖。

1968年，中药研究所开始抗疟中药研究，39岁的屠呦呦担任该项目的组长。经过两年的研究对象筛选，并受到中国古代药典《肘后备急方》的启发，项目组将重点放在了对青蒿的研究上。1971年，在失败了190次之后，项目组终于通过低温提取、乙醚冷浸等方法，成功提取出青蒿素，并在接下来的反复试验中得出了青蒿素对疟疾抑制率达到100%的结果。在没有先进实验设备、科研条件艰苦的情况下，屠呦呦带领着团队攻坚克难，面对困难不退缩，终于胜利完成科研任务。

图3-10 屠呦呦

青蒿素问世44年来，共使600万人逃离疟疾的魔掌。未来，屠呦呦(见图3-10)希望通过研究，让青蒿素应用于更多地方，为更多人带来福音。

——中国文明网

（三）努力提高创新能力

为了提高创新能力，我们要以实践创新推动理论创新，以理论创新引导实践创新。实践发展永无止境，认识真理永无止境，理论创新永无止境。

资料卡片

“创新杯”全球学生大赛

微软“创新杯”全球学生大赛是目前全球规模最大、影响最广的学生科技大赛。创始于2003年，旨在鼓励青年学生发挥想象和创新能力，投身科技创新，目前已成为世界上规模最大的学生科技竞赛，有超过160 000名来自190多个国家和地区的学生参与，并得到联合国教科文组织支持。首届比赛于2003年在西班牙巴塞罗那举行。中国学生从2004年起开始参加Imagine Cup大赛。

第一，要破除迷信“经验”的惯性思维。经验来自过去的实践，能够说明过去，但未必能够说明现在和未来。过去的经验只能借鉴，不能照搬。经验主义的错误不在于重视经验，而在于固守经验，不懂得一切以时间、地点、条件为转移的辩证法，将特定时间的经验永恒化，特定地点的经验普遍化，特定条件的经验绝对化，从而导致思想僵化。

第二，要破除迷信“本本”的惯性思维。“本本”是前人和他人认识成果的记录，承载着人类的知识和智慧。但是，如果迷信“本本”，信奉“本本主义”，就会适得其反，沦为“本本”的奴隶。任何国家、任何民族、任何个人，如果一切从“本本”出发，迷信盛行，那么，其生机就停止了。

名人名言

一个党，一个国家，一个民族，如果一切从本本出发，思想僵化，迷信盛行，那它就不能前进，它的生机就停止了，就要亡党亡国。

——邓小平

第三，要破除迷信“权威”的惯性思维。尊重权威、学习权威，站在巨人的肩上继续攀登，是提高创新能力的客观要求。如果把权威视若神明，迷信权威、盲信盲从，就会堵塞创新思维的通道，成为创新的障碍。无论是从历史上看，还是从现实中看，创新往往都是通过质疑权威和超越权威而实现的，而这恰恰是创新思维、创新意识、创新能力的重要体现。

人生感悟

张恒珍从兰州化工学校毕业后，被分配到茂名石化乙烯厂工作。刚出校门，学历低又无资历，但从不轻易服输的她并未气馁，暗下决心：“既然选择了当石化工人，就要当最好的工人！”从默默无闻的中专生到“问不倒”的“活流程”，张恒珍整整花了10年。为熟练操作从国外引进的乙烯生产设备，张恒珍四处收集资料，仔细研究各种装置，把装置的性能、操作流程等都装进脑里。装置启用前，张恒珍全面掌握了这套当时国际最先进乙烯装置的生产操作法，带领团队成功开启了我国第六套乙烯装置并连续平稳运行28个月，创造了国内同类装置运行周期的最长纪录。2004 年，中国石化在茂名动工建设我国首座百万吨乙烯生产基地，其中关键设备和核心技术都是国内研创并首次应用。张恒珍承担了操作这套新设备的重任。她潜心学习，参与 30 多项工程设计，查出制约装置安全生产的问题 105 项，发现影响系统开停车和装置正常运行的仪表问题 556 个。张恒珍（见图 3-11）因业绩突出而获得"全国优秀共产党员"、全国"五一劳动奖章"等荣誉称号。

图 3-11　张恒珍

张恒珍不断创新，解决生产中的实际问题的事例对你有哪些启示？

——中国文明网

思考与探索

1. 分析"智慧创造财富，创新改变未来"的道理。
2. 列举一个生活或学习中运用创新思维的事例。
3. 以"科学思维、自觉创新"为主题，举办一次小型演讲比赛。

第四章

坚持唯物史观，在奉献中实现人生价值

唯物史观认为，人类社会是统一的物质世界中最高级的一种存在形式。人总是生活在现实的社会关系当中，做任何事情都会受到各种社会关系的制约。社会为我们生存和发展提供了必需的物质产品和精神产品，使我们享受生活；同时，社会对个人需要的满足又以个人对社会的贡献为基础。人生的价值就在于对社会的贡献，在推动社会发展的过程中自我发展。

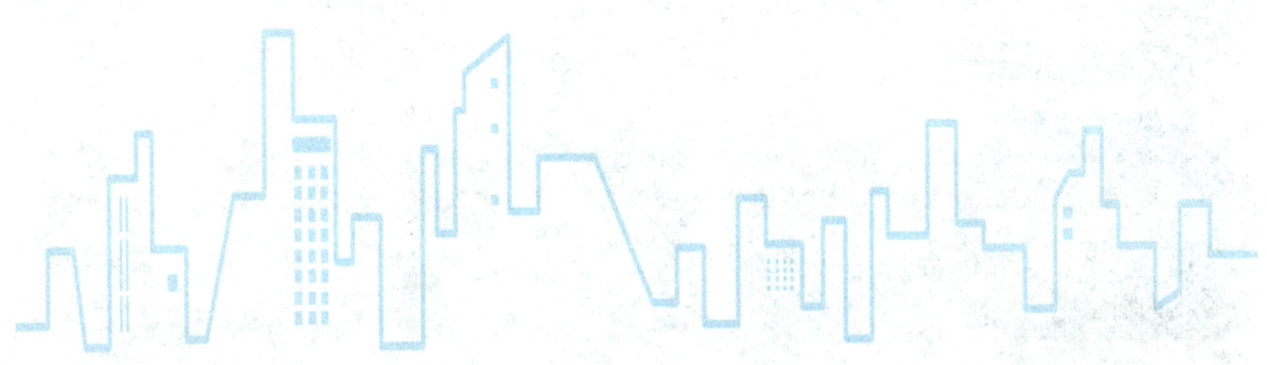

明确人生目标的重要性

第一节　历史规律与人生目标

在自然领域，一切都是无意识、盲目的动力在发生作用，任何事物的发生都没有预期的、自觉的目的。相反，在社会领域，主体是有意识、有激情，追求着某种目的的人，做任何事情都是自觉的有意图的。人类社会是统一的物质世界中最高级的一种存在形式。它产生于自然界，又有别于自然界，其历史进程受内在的一般规律支配。社会规律制约着人的选择，人不能随心所欲地创造社会历史。人生目标的确立和实现，要符合社会历史发展规律。“顺理而举易为力，背时而动难为功。”

案例导入

为中华之崛起而读书

1904—1905年，日本和俄国为了争夺中国的东北和朝鲜进行战争。由于清政府的软弱无能，不得不听任侵略者在中国的土地上烧杀抢掠。战争给东三省人民造成了巨大的灾难。这段历史深深地烙印在了当时就读于沈阳东关模范学堂的周恩来心里。从此，他暗暗激励自己要发愤读书，为拯救祖国和同胞而效力。

一次，学堂的魏校长问大家：“你们读书是为了什么？”同学们踊跃回答。有的说：“为明理而读书。”有的说：“为做官而读书。”也有的说：“为挣钱而读书。”“为吃饭而读书。”周恩来一直静静地坐在那里，没有抢着发言。魏校长注意到了，打手势让大家静下来，点名让他回答。周恩来站了起来，清晰而坚定地回答道：“为中华之崛起而读书！”周恩来铿锵有力的话语，博得了魏校长的喝彩：“好哇！为中华之崛起！有志者当效周生啊！”“为中华之崛起而读书”这个目标一直激励着他矢志不渝地追求革命真理，最终使其成为伟大的无产阶级革命家。为中华的崛起，为人类的进步，他做出了卓越的贡献。

一、历史规律的特点

智慧点拨

马克思主义创始人认为，人类社会是一个自然的历史过程，存在着不以人的意志为转移的客观规律。正是唯物史观的创立，才真正揭开历史之谜，成为我们探寻历史必由之路的指南针。

（一）个人目的与动机

所谓个人目的，就是个人想要达到的人生境界和理解人生意义的基本标准；所谓动机，就是指为激发、维持、调节并引导人们从事某种活动的内在心理过程或推动力量。

在人生实践活动中，人们一方面基于自身的需要，激发着动机、确立着目的、产生着一定的理想追求，另一方面又考虑着活动的目的、动机以及实现它们的途径。人为什么活着和为什么人活着，这是一个决定人生根本方向的问题，每个人都无法回避。对这个问题做出科学分析和解答，对于启迪人们思想，用正确态度把握人生，具有十分重要的意义。

人类活动的一个基本特征就是目的性。个体人生目的、动机的形成，不是人的心灵主观自生的，它是主客观条件的有机统一。

首先，它受其所处的一定历史条件和社会关系制约。不同的历史时代、人们的需要不同，任务自然就有差别。例如，在原始社会人们的人生目的、动机就是解决温饱生存问题；在私有制社会，剥削阶级就不同了，他们的人生目的、动机就是追求享乐，占有更多的物质财富。同时，人们所处的社会地位不同，也决定了人生目的、动机的差异，同一阶层的人们处于不同的社会环境、也会形成不同的人生追求。

其次，它是人们自觉选择的结果。由于世界观不同，人们对外界事物的认识能力就不同，就会有意识地认同和选择不同的人生目的。正确的人生目的一经确立，就会贯穿于人生历程的始终，持续激励着人奋进；反之，没有正确的人生目的，就没有充实、积极的人生。

在当今社会，正确的人生目的就是为人民服务。把为人民服务作为人生目的，并不是任何人的主观意断，而是有科学根据的。

为人民服务是生产社会化的必然要求。唯物史观认为，人的社会属性决定了人只有在相互联系、相互配合、相互依存、相互服务的过程中，才能相对独立地存在。人们在社会中通过交换自己的劳动，来满足自己的物质需要和精神需要。尤其在生产社会化高度发展的今天，社会成员必须对社会对他人做出贡献，社会才有可能满足社会成员的各种需要。这在客观上要求社会成员树立为人民服务的人生目的。

为人民服务符合人民群众创造历史的客观需要。唯物史观认为，人类社会发展的主体是人民群众，人民不仅是物质财富和精神财富的创造者，而且是变革社会的最终决定力量。所以，把为人民服务作为人生目的，既有助于推动历史进步，又有利于自身健康发展。

由此可知，只有把个体人生目的、动机同时代和人民的要求紧密结合起来，用自己的知识和本领去为人民服务，才能使自身价值得到充分实现。如果脱离时代、脱离人民，必然一事无成。

(二)社会发展是有规律的

人们一般都承认自然规律，因为人们在自然界中看到的是事物的重复性：日月运行、春去秋来、花开花落………然而，人们往往怀疑甚至否定历史规律，因为人们在历史中看到的是事物的单一性：法国大革命、美国独立战争、中国辛亥革命……历史事件以及历史人物都是独一无二、不可重复的。

事实上,这种种不可重复的历史事件的背后却存在着可重复的历史规律。作为历史事件,戊戌变法是独一无二的,但作为历史现象,改良、改革在古今中外的历史上并不罕见;作为历史事件,法国大革命是独一无二的,但作为历史现象,资产阶级革命在近现代历史上却重复出现;作为历史人物,罗伯斯庇尔、林肯、孙中山是独一无二的,但作为历史现象,时势造英雄却不断重演。这表明,历史中同样存在着只要具备一定的条件就会重复起作用的客观规律。

人是历史的"剧作者",人们自己创造自己的历史。物质生产是历史的发源地,历史规律不仅实现于人的活动之中,而且形成于人的活动之中;人又是历史的"剧中人",人们不能随心所欲地创造历史,既不能自由地选择自己的社会关系,也不能人为地消除历史规律,相反,社会关系决定着人的现实本质,历史规律决定着社会的发展趋势和总体进程。历史规律的特殊性就在于,它形成于人的活动之中,但又不以人的意志为转移,并反过来制约着人的活动,决定着人类社会的发展趋势和总体进程。

(三)社会发展的基本规律

人们在物质生产活动中不仅创造了生产力,而且形成了同生产力相适应的生产关系,即人与人之间的经济关系。生产关系直接决定着社会的政治关系和意识形态。生产关系的总和构成了社会的经济基础,政治关系和意识形态构成了社会的上层建筑。生产力与生产关系,政治关系和意识形态构成了社会的上层建筑。生产力与生产关系、经济基础与上层建筑的矛盾构成了社会的基本矛盾,二者的矛盾运动形成了社会发展的基本规律,即生产关系一定要适应生产力状况的规律,上层建筑一定要适合经济基础状况的规律。

生产关系一定要适合生产力状况的规律首先表现为生产力的性质决定生产关系的性质,生产力的发展决定生产关系的变革。马克思所说的"手工磨产生的是封建主为首的社会,蒸汽磨产生的是工业资本家为首的社会",讲的就是这个道理。其次表现为生产关系反作用于生产力。当生产关系适合生产力的发展要求时,它就会推动生产力的发展;当生产关系不适合生产力的发展要求时,它就会阻碍生产力的发展。当不变革旧的生产关系,生产力就不能继续发展时,生产关系对生产力的巨大反作用就会异乎寻常地表现出来。在这种情况下,只有变革生产关系,才能解放生产力,发展生产力。

上层建筑一定要适合经济基础状况的规律,首先表现为经济基础决定上层建筑,有什么样的经济基础就会有什么样的上层建筑。其次表现为上层建筑对经济基础具有反作用。当上层建筑适合经济基础的状况时,会促进经济基础的巩固和完善;当上层建筑不适合经济基础的状况时,则会阻碍经济基础的发展和变革。

唯物史观认为,社会历史发展具有自身固有的客观规律,物质资料的生产方式是社会发展的决定力量。社会存在决定社会意识,社会意识又反作用于社会存在、生产力和生产关系之间的矛盾。经济基础和上层建筑之间的矛盾是社会发展的基本矛盾,而人民群众是历史的创造者。

可见,人类社会与自然界一样,都存在着不以人的意志为转移的客观规律。虽然具有非常不同的表现形式和特点，但不能由此而否定社会历史规律本身。

（四）社会历史的发展需要人的创造性活动

名人名言

历史不过是追求着自己目的的人的活动而已。

——马克思

人通过自己有目的的活动，创造了自己的历史。离开人的创造性活动，社会发展规律就无法形成。

社会发展规律是在人的实践活动中产生的。人们在改造自然的过程中，不仅形成了人与自然之间的关系，而且产生了人与人之间的社会关系。生产关系适应生产力、上层建筑适应经济基础的发展要求等社会规律，正是在人类每时每刻的实践活动中形成的本质的、必然的联系。

社会发展规律以人的自觉活动来体现自己。社会发展规律存在于人的有意识、有目的的活动中。不同的人根据各自的需要，自觉地进行活动。人们的活动纷繁复杂，历史人物、历史事件层出不穷，千差万别，在现象上表现出多样的偶然性而不重复。但在这些偶然性之中总是存在一定的必然性，其中的必然性就是社会发展规律。因此，人们在实践活动中，不但可以认识而且可以利用和驾驭社会发展规律。

（五）个人目的、动机与社会发展规律的关系

社会发展规律存在于人的自觉活动中，充分表明了个人目的、动机与社会发展之间的必然联系。社会发展规律影响和决定着每个人的生活与活动。因此在遵循社会发展规律的前提下确定的人生目的和动机才是正确的，也必然会实现，反之亦然。因为社会发展规律代表了社会的发展方向和人民群众的根本利益，正确解决了人和社会的关系，所以个人目的、动机总是自觉与不自觉地受社会发展规律的制约。

人生目的是人生观的核心内容。有什么样的世界观，就有什么样的人生目的，从而形成人生理想、态度等问题的基本看法。科学的世界观对个体人生目的、动机的形成以及发展的方向都有指导意义。

名人名言

人生最可悲的并非失去四肢，而是没有生存希望及目标！人们经常埋怨什么也做不来，但如果我们只记挂着拥有或欠缺的东西，而不去珍惜所拥有的，那根本改变不了问题！真正改变命运的，并不是我们的机遇，而是我们的态度。

——尼克·胡哲

正确的人生目的有助于人们抵制各种错误人生观的不良影响，能使人们在人生重大问题上做出正确选择。如果没有正确人生理论做指导，必然导致认识上的错乱，走上错误的人生道路。

体验与探索

在撒哈拉沙漠中，有一个小村庄叫比塞尔。它在一个只有1.5平方千米的绿洲旁，从这儿走出沙漠一般需要三昼夜时间。可是在英国皇家学院的院士肯·莱文1926年发现这个小村庄之前，这儿的人没有一个走出过大沙漠。据说，他们不是不愿意离开这个地方，而是尝试过很多次都没能走出来。开始，肯·莱文雇了一个比塞人让他带路，走了十天，大约800英里的路程，结果在第十一天又回到了原地。后来，肯·莱文又雇了一个叫阿古特尔的青年，他告诉这个青年，只要你白天休息，夜晚朝着北面那颗最亮的星星走，就能走出沙漠。结果，三天之后，果然来到了大漠的边缘。事实说明，没有确定的方向就不能走出沙漠。

社会发展规律和个人目的、动机之间既相互区别，又相互联系、渗透、转化。

一方面，社会发展规律作为一种客观力量制约着人的活动。人们既不能改变它，也不能违背它，否则就会受到惩罚。另一方面，在社会发展规律发生作用的过程中，人们又始终贯穿着主体能动性的发挥，实现着自己的人生目标。

青年学生只要充分认识到社会历史发展的必然性和自身所肩负的历史责任，自觉地顺应历史潮流，确立正确的人生目的——为人民服务、为人类进步事业而奋斗，就一定会在社会历史进程中大有作为。

智慧点拨

古希腊哲学大师亚里士多德向人们提出了实现成功的三点建议：首先，要有一个明确可行的构想，即目标；其次，用任何可行的方式来达成目标；第三，调整一切方法达到成功。他突出强调了确立目标对人生发展和事业成功的重要性。古今中外，所有成功人士的经历也印证了这一点：确立人生目标非常重要。

名人名言

要有生活目标，一辈子的目标，一段时期的目标，一个阶段的目标，一年的目标，一个月的目标，一个星期的目标，一天的目标，一个小时的目标，一分钟的目标。

——列夫·托尔斯泰

二、把握历史规律与确定人生目标

智慧点拨

青年兴则国家兴，青年强则国家强。青年一代有理想、有本领、有担当，国家就有前途，民族就有希望。中国梦是历史的、现实的，也是未来的；是我们这一代的，更是青年一代的。中华民族伟大复兴的中国梦终将在一代代青年的接力奋斗中变为现实。

唯物史观认为,历史是人民群众创造的,而人民群众由无数个个体所组成。个人在历史上的作用主要体现在可以用自己的行动加速或延缓历史进程,促进或阻碍历史事件发展。把握历史规律,确定崇高的人生目标,是当代青年正确的选择。

资料卡片

1919 年的五四运动,是一次伟大的反帝反封建运动和思想解放运动,也是中国思想史、文化史和政治史的一条分界线,标志着中国民主革命进入一个崭新的阶段。经过五四运动的锤炼,一大批知识分子接受了马克思列宁主义,顺应了社会发展规律,改变了自己的人生道路,确立了为民族独立、人民解放和国家富强而奋斗的人生目标,并积极投身到革命实践中,逐步成长为中国革命和建设的中流砥柱。

(一)社会发展与人的发展

劳动创造了人和人类社会。人的形成与社会的产生是一致的,既不存在脱离人的社会,也不存在脱离社会的人。人的本质是社会关系的总和,人是在社会中生存和发展的,社会发展必然促进人的发展。

社会发展又不是外在于人的活动的纯粹物质运动,而是人的活动过程,人们自己创造自己的历史。人们之所以要改造社会创造历史,就是为了改变自己的生存状态,使自己的本质力量得以充分发展,从而进一步推进社会发展。毛泽东说过,“没有几万万人民的个性的解放和个性的发展,……要想在殖民地半殖民地半封建的废墟上建立起社会主义社会来,那只是完全的空想。”

社会的发展与人的发展是同一个过程的两个方面。人是社会的主体,社会的发展依赖于人的发展、蕴含着人的发展,并为人的进一步发展创造条件;人的发展又不断地为社会发展提出新的目标,并以更强的主体能力和更合理的实践推动社会发展。人的发展是社会发展的根本目的,社会发展的所有成就最终要通过人的发展来体现。

(二)人生目标的确立要符合社会历史发展规律

1. 人生目标的确立要与社会需要相统一

确立目标,首先要对目标的价值做出判断。个人命运只有与国家、民族的命运相结合,生命的价值才会得以升华。青年学生应该自觉地把社会需要转化为自己的目标,建立合理目标体系。当前,中国特色社会主义进入了新时代,这是我国发展的新历史方位。我国社会主要矛盾已经转化为人民日益增长的美好生活需要和不平衡不充分的发展之间的矛盾。今天,我们比历史上任何时期都更接近、更有信心和能力实现中华民族伟大复兴的目标。这一目标的实现需要一大批高技能人才为之奋斗。因此,青年学生人生目标的确立要紧密结合社会发展总体目标,努力使自己成为一个紧跟时代潮流的人。

名人名言

人们自己创造自己的历史,但是他们并不是随心所欲地创造,并不是在他们自己选定的条件下创造,而是在直接碰到的、既定的、从过去继承下来的条件下创造。

——马克思

2. 人生目标的确立要与现实可能性相统一

对于一个人来说,一个虚无缥缈的、没有实力达到的目标只能是空想或幻想。这虽然在科学上是允许的,但在现实生活中是没有意义的。很多人的失败就在于目标不现实,不能扬长避短或者是目标不清晰、太空洞等。因此,确立人生目标,不能离开自己所处的具体环境和条件。离开了实现目标的可能性就太小,目标太低,其意义、价值就不大。因此,要根据自身各方面条件进行构建,确立目标要考虑自身条件,全面分析,评估自己的长处,不要人云亦云、随波逐流。

体验与探索

秦灭六国,结束了春秋以来500多年的诸侯割据纷争的战乱局面,建立了中国历史上第一个中央集权的统一的封建帝国——秦朝。秦朝的统一,从客观上讲,是当时社会发展的需要,而秦始皇顺应社会发展的规律,并以当时秦国军事、经济、政治上的优势为基础,将历史的可能性变成了现实性。

(三)在实践中实现人生目标

人生目标的实现,从来不是关门读书、闭门思过的结果。我们一旦确立人生目标后,实现它就算决定性的了,即应该为之全力以赴地追求,锲而不舍地努力。

1. 从我做起,从小事做起

行动是一件了不起的事情,正如英国前首相本杰明·迪斯雷利所说:"虽然行动不一定能带来令人满意的结果,但不采取行动就绝无满意的结果而言。"现实中,每时每刻都有无数人在构思着美好未来,同时也默默地埋葬着这些美好构思,因为他们不敢行动或不能坚持行动。所以常听人说:"我早就料到了,好后悔当时没那样去做。""我早就该去从事那件事情,可直到现在还没做。"由此可见,青年学生往往缺的不是理想和目标,而是实实在在的行动。要掌握扎实的专业知识技能,就要从认真听好每一节课、努力完成每次作业开始;要形成良好品德,就要从自身日常小事做起。

2. 及时调整和修正目标

经过实践检验,我们也许会发现原定目标不一定合适,或过高或过低,应该及时、果断地调整、重新修订。因为人的认识在一般情况下不可能一次完成。许多有作为、有成就的人之所以取得令人羡慕的成果,并不在于他们从来不犯错误,而在于他们能不断地修正错误。人正是在实现一个个不断变化和调整目标的进程中,变得越来越成熟。

3. 满怀信心，坚定信念

人生犹如一段逆风行舟的艰苦旅行，在旅途中有无数困难阻碍着你，要实现自己选择的目标绝非易事。首先，要满怀信心。对自己有信心，对自己选择的目标有信心，对自己实现目标有信心。其次，要坚定意志。遇到外界诱惑和干扰时，有足够的自制力去抵御；遇到挫折和困难时，要勇于拼搏。最后，要坚持到底，有不达目的誓不罢休的决心和行动，切记，三分钟热度难成大事。

名人名言

美好的前景如果没有切实的措施和工作去实现它，就有成为空话的危险。

——邓小平

人生感悟

徐文华是天津市河北区环卫局一名工作了近30年的环卫工人(见图4-1)。1988年，徐文华高考落榜后，选择了就业。1989年，徐文华来到天津，成为河北区环卫局的一名临时工。当时，徐文华负责的区域主要是胡同平房和老旧居民楼，夏天的垃圾异常腥臭，他不怕脏、不怕累，每天都把所负责的区域清理得干干净净。一起来工作的年轻人相继离开了，而徐文华选择了坚持。2008年，徐文华从保洁队转到扫道队，很快就成为骨干。他的工作态度和工作成效深受好评，“幸运”也接踵而来。2008年，他成为首位落户天津的农民工，申请到一套廉租房，进入天津大学网络教育学院学习。2012年，他当选党的十八大代表。2013年，他获得了全国“五一劳动奖章”。徐文华在作报告时说：“我只是一个普通的农民工，感谢时代，让我通过自己的劳动实现了人生价值；感谢党，让我找到了奋斗的方向。‘不忘初心，继续前进’就是我内心最想说的话。”

图4-1 环卫工人徐文华

徐文华的经历对你有哪些启示？

——环卫科技网

哲学与人生

思考与探索

1. 黄埔军校的徐向前和胡宗南同时走上了不同的道路，有着不同的命运。结合人生目标的选择，谈谈这两人的结果为什么截然相反。每个人的人生目标都不同，如何才能使自己的人生目标与社会发展的目标相一致呢？

2. 搜集材料或观看影视作品，了解人民群众在革命、建设和改革中发挥的历史作用，感悟只有坚持人民立场，才能在为人民服务中实现人生价值。

3. 结合本节内容举办以“人生目标”为主题的班会。

第二节 人的价值与劳动奉献

自我价值的体现

人们认识世界是为了改造世界，改造世界则是为了满足人本身的需要，这种需要与满足的关系就是价值关系。人们在自己的活动中不仅认识真理，而且创造价值。人是有价值的，人生的价值在于奉献。社会主义核心价值观是精神支柱，是行动向导，对丰富人们的精神世界具有基础性、决定性作用。

案例导入

刁统武是中国重汽集团济南卡车公司车身部维修钳工、高级技师，也是一名多次在省、市职工技能大赛中获奖的“蓝领精英”。2004 年，刁统武加入中国重汽集团这个大家庭，成为一名维修钳工。当年 9 月，车身部 HOWO 焊装车间成立，主拼焊装线由泰国 APPICO 公司设计和安装，代表着国内同行业驾驶室焊接技术最高水平，他望着以后将由自己负责安装维修的先进设备暗下决心，一定要练就驾驭这个先进设备的本事。为尽快掌握先进焊装技能，刁统武白天守着主拼线；晚上则看书、查资料、做笔记。仅用两个月就全面掌握了主拼焊装线的结构原理和焊接技术，成了维修班最拔尖儿的技工。在主拼焊装线设备发生异常时，刁统武总是带领班组人员以最快的速度赶到现场，在最短的时间内排除事故隐患。随着 HOWO 车型的销量增高，市场需求加大，提升产能势在必行，刁统武主动承担了此攻关课题。他通过优化工艺、焊接参数和机器人路径，使单车生产时间降低了 0.8 分钟，满足了企业提高产量的要求。

多年来，刁统武通过学习，先后掌握了三坐标测量原理分析、CAD 图和 CATIA 三维设计，现已成为集设计、施工于一身的技术技能人员，成为中国重汽集团青年员工学习的榜样。与此同时，他主动承担了车身部“导师带徒”工作，经他言传身教，有 10 多名徒弟具备了独立维修焊接设备、自动焊装线和机器人的能力，现均已成为岗位骨干。

思考：结合刁统武的事迹，说说你对人生价值与劳动奉献关系的理解。

一、自我价值与社会价值

人生是有价值的，人的一生就是在奉献与索取中度过的。评价人生价值的大小，不能看他生命的长短、拥有财富的多少，而主要看他对他人、对社会做出的贡献。

（一）价值与价值观

在人的活动中，人们总是根据自己的需要去掌握和占有事物，以满足自己的需要。这种需要与满足的关系就是价值关系。人及其需要是价值关系形成的根据，只有人才是价值的创造者、实现者和享受者，有用与无用、好与坏、善与恶、美与丑……都是相对人而言的。物及其属性是价值关系形成的又一根据，正是因为物具有满足人的某种需要的属性和功能，它才能成为对人的生存、享受和发展有益的东西。这就是说，价值本质上是一种关系，是人与物、人与人之间一种特殊的客观关系，是实际的利益关系。通俗地说，价值即意义，人们常说某事物有价值，就是指该事物对人具有积极意义。

人生感悟

什么叫价值？两根竹子，一支做成了笛子，一支做成了晾衣杆。晾衣杆不服气地问笛子："我们都是同一片山上的竹子，凭什么我天天日晒雨淋，不值一文，而你却价值千金？"笛子说："因为你只挨了一刀，而我却经历了千刀万剐，精雕细琢。"晾衣杆沉默了……

看见别人辉煌的时候不要嫉妒，因为别人付出得多。笛子对晾衣杆的回答正是如此。

在现实生活中，人们不断地追求和创造价值，同时也在不断地认识和评价价值，并逐步形成了自己的价值观。所谓价值观，就是指人们基于生存和发展的需要，对事物价值的根本看法，是关于如何区分好与坏、善与恶的总体观念，是关于应该做什么和不应该做什么的基本原则。价值观与价值关系既有联系又有区别。价值关系是实际的利益关系，价值观则是人们在一定的文化背景和历史条件下对价值关系的理解，是对客观的价值关系的观念把握。不同的人因为有不同的价值观而有不同的需要和自我意识。

体验与探索

和氏璧的由来

春秋时楚人卞和在楚山看见有凤凰栖落在山中的青石板上，依"凤凰不落无宝之地"之说，他认定山上有宝，经仔细寻找，终于在山中发现一块玉璞。卞和将此璞献给楚厉王。然而经玉工辨认，璞被判定为石头，厉王以为卞和欺君，下令断卞和左脚，逐出国都。武王即位，卞和又将璞玉献上，玉工仍然认为是石头，可怜卞和又因欺君之罪被砍去右足。

楚文王即位后，卞和怀揣璞玉在楚山下痛哭了三天三夜，以致满眼溢血。文王很奇怪，派人问他："天下被削足的人很多，为什么只有你如此悲伤？"卞和感叹道："我并不是因为被削足而伤心，而是因为宝石被看作石头，忠贞之士被当作欺君之臣，是非颠倒而痛心啊！"这次文王直接命人剖璞，结果得到了一块无瑕的美玉。为奖励卞和的忠诚，美玉被命名为"和氏之璧"。这就是后世传说的和氏璧。

(二)人的价值

价值一般分为物的价值和人的价值。物的价值是指对人的生存和发展有积极意义的一切物质、精神财富中具有满足人的需要的有用属性。例如，粮食、牲畜等物中有满足人的基本生存需要的属性，绘画、音乐等艺术品中有满足人的精神享受和感官愉悦的审美属性。

就个人而言,人的价值可以分为个人的自我价值和社会价值。

个人的自我价值是指个人对自我需要的满足;个人的社会价值是指个人对社会需要的满足,也就是对社会的贡献。一个人越是通过自己的活动来满足自己的需要,他的自我价值就越大,反之,则越小;一个人通过自己的活动为社会做出的贡献越大,他的社会价值就越大,反之,则越小。对个人的价值的评价,主要是看其对他人、社会的贡献。所谓"人生的价值在于贡献",就是说,个人应该在对社会的贡献中实现自己的价值。个人对社会的贡献是社会存在和发展的要求。人类社会的存在和发展,总是取决于一定的物质财富和精神财富的增长。社会要满足个人生存和发展的需要,必须首先把这些财富创造出来。为此,就要求每个人承担应有的责任,进行创造性的劳动,做出更多的贡献。否则,社会就不能存在,更谈不上发展,个人的存在和发展就失去了保证。

智慧点拨

社会主义各尽所能、按劳分配的原则,就是从奉献和索取的结合来规定个人与社会的关系的,并且把为社会、为人民尽其所能放在首位。各尽所能要求每个人必须充分发挥自己的潜能,积极地为社会努力工作,创造财富,而按劳分配则是以每个人劳动的数量和质量为依据,公平地分配给劳动者生活资料。

贡献既有物质方面的贡献,也有精神方面的贡献,崇高的理想境界和道德情操同样是对社会的贡献。

名人名言

一个人能力有大小,但只要有这点精神,就是一个高尚的人,一个纯粹的人,一个有道德的人,一个脱离了低级趣味的人,一个有益于人民的人。

——毛泽东

(三)实现个人的自我价值与社会价值的统一

个人的自我价值与社会价值是人的价值不可分割的两个方面。一方面,个人的社会价值不是脱离个人的自我价值而存在的,社会能给予个人的东西是人们自己创造出来的,个人通过自身的活动满足社会的需要,从而创造个人的社会价值;另一方面,个人的自我价值也不可能脱离社会价值,个人的自我价值并不是社会价值之外的独立存在的另一种价值,个人只有在创造社会价值的过程中才能创造、实现自我价值。

名人名言

一个人的价值,应当看他贡献什么,而不应当看他取得什么。

——爱因斯坦

个人的社会价值是个人对社会的贡献,而个人的自我价值还包括个人在社会中得到的尊重，从社会得到的奖励，包括精神奖励和物质奖励。可见，个人自我价值的高低取决于他的社会价值。我们之所以纪念为民族、国家做出贡献的人，就是因为他们个人贡献给民族、国家的东西已经转变成社会的一部分。所谓流芳百世、永垂不朽，讲的就是个人的自我价值因其社会意义而永存，就是社会对他们个人的自我价值的肯定。

在现实生活中，我们既要避免只讲个人的社会价值而不讲自我价值，也要反对只讲个人的自我价值而不讲社会价值。只讲对社会的贡献而不讲对个人需要的满足，就可能忽视个人的正当权益；只讲对个人需要的满足而不讲对社会的贡献，就可能导致个人主义。社会的发展有赖于人们的贡献，只有贡献大于索取，社会才能发展；同时，也只有在社会的不断发展中，我们每个人才能从社会得到越来越多的满足和享受。

人生感悟

2019年3月30日下午，四川凉山木里县发生森林火灾，四川森林消防总队凉山支队西昌大队组织消防队员开赴一线展开扑救。3月31日消防队员克服山高坡陡、沟深林密、缺氧难行等困难，每人负重30余斤，徒步行军8个小时，在海拔3700余米的地方与森林大火展开了搏斗。当天下午，明火被扑灭后，消防员在向山谷两个烟点迂回接近时，遭遇林火爆燃，27名森林消防指战员和4名当地扑火人员全部牺牲。“感动中国”给他们的颁奖辞是：“青春刚刚登场，话语犹在耳旁，孩子即将出生，父母淹没于泪水。青山忠诚的卫士，危难的永恒对手，投身一场大火，长眠在木里河两岸，你们没有走远，看那凉山上的秋叶，今年红得分外惹眼。”

你认为怎样才能实现人生价值和社会价值的统一？从这些消防员的壮举中，你有什么感悟？

二、社会主义核心价值观

社会主义核心价值观是社会主义核心价值体系的内核，体现社会主义核心价值体系的根本性质和基本特征，反映社会主义核心价值体系的丰富内涵和实践要求，是社会主义核心价值体系的高度凝练和集中表达。

（一）践行社会主义核心价值观的重要意义

面对改革开放和发展社会主义市场经济条件下思想意识多元多样多变的新特点，积极培育和践行社会主义核心价值观，对于巩固马克思主义在意识形态领域的指导地位、巩固全党全国人民团结奋斗的共同思想基础，对于促进人的全面发展、引领社会全面进步，对于集聚全面建成小康社会、实现中华民族伟大复兴中国梦的强大正能量，具有重要现实意义和深远历史意义。

从适应国内国际大局深刻变化看，我国正处在大发展大变革大调整时期，在前所未有的改革、发展和开放进程中，各种价值观念和社会思潮纷繁复杂。面对改革开放和发展社会主义市场经济条件下思想意识多元多样多变的新特点，迫切需要我们积极培育和践行社会主义核心价值观，提高国家文化软实力。

从推进国家治理体系和治理能力现代化要求看，培育和弘扬核心价值观，有效整合社会意识，是国家治理体系和治理能力的重要方面。全面深化改革，完善和发展中国特色社会主义制度，推进国家治理体系和治理能力现代化，必须解决好价值体系问题，加快构建充分反映中国特色、民族特性、时代特征的价值体系，全社会大力培育和弘扬社会主义核心价值观，提高整合社会思想文化和价值观念的能力，掌握价值观念领域的主动权、主导权、话语权，引导人们坚定不移地走中国道路。

从提升民族和人民的精神境界看，核心价值观是精神支柱，是行动向导，对丰富人们的精神世界、建设民族精神家园，具有基础性、决定性作用。一个人、一个民族能不能把握好自己，很大程度上取决于核心价值观的引领。发展起来的当代中国，更加向往美好的精神生活，更加需要强大的价值支撑。要振奋起人们的精气神，增强全民族的精神纽带，必须积极培育和践行社会主义核心价值观，铸就自立于世界民族之林的中国精神。

从实现民族复兴中国梦的宏伟目标看，核心价值观是一个国家的重要稳定器，构建具有强大凝聚力感召力的核心价值观，关系社会和谐稳定，关系国家长治久安。实现“两个一百年”的奋斗目标，实现中华民族伟大复兴的中国梦，必须有广泛的价值共识和共同的价值追求。这就要求我们持续加强社会主义核心价值体系和核心价值观建设，巩固全党全国各族人民团结奋斗的共同思想基础，凝聚起实现中华民族伟大复兴的中国力量。

(二)社会主义核心价值观的基本内容

党的十八大提出，倡导富强、民主、文明、和谐，倡导自由、平等、公正、法治，倡导爱国、敬业、诚信、友善，积极培育和践行社会主义核心价值观。富强、民主、文明、和谐是国家层面的价值目标，自由、平等、公正、法治是社会层面的价值取向，爱国、敬业、诚信、友善是公民个人层面的价值准则。这三个层次的理念相互联系、相互贯通，实现了政治理想、社会导向、行为准则的统一，实现了国家、集体、个人在价值目标上的统一，兼顾了国家、社会、个人三者的价值愿望和追求。

1. 国家价值目标

富强，即国富民强，是社会主义现代化建设的基本价值目标，是中华民族的千年夙愿，也是国家繁荣昌盛、人民幸福安康的物质基础。“富强”包含着两大主体的价值诉求，一是人民富裕，二是国家强盛。首先，“富强”在富民，即人民富裕，没有民富就没有国强，中华民族自古就有“凡治国之道，必先富民”之说。马克思主义也认为，无论是社会生产力的发展，还是国家财富的创造，其根本目的都在于丰富人民的物质生活和精神生活，进而促进人的自由全面发展。其次，“富强”还在于强国，即国家强盛，体现为国家拥有强大的综合国力，能够对国家秩序和国际事务产生强大的影响力。在社会主义国家，人民富裕同国家富强从根本上说是一致的，国家富强是为民造福的重要前提,而人民富裕又是国家富强的根本目的。

民主,即人民民主,是社会主义始终高扬的旗帜,也是社会主义优越性的根本体现。民主既是一种价值理念,又是一种政治实践和制度安排。党的十九大报告指出,我国是工人阶级领导的、以工农联盟为基础的人民民主专政的社会主义国家,国家一切权力属于人民。我国社会主义民主是维护人民根本利益的最广泛、最真实、最管用的民主。发展社会主义民主政治就是要体现人民意志、保障人民权益、激发人民创造活力,用制度体系保证人民当家做主。

文明,是社会进步和国家发展的重要标志,在社会主义核心价值观中,集中体现着社会主义先进文化的前进方向和社会主义精神文明的价值追求,是实现中华民族伟大复兴的重要支撑。当今时代,文化在综合国力竞争中的地位日益重要,文明成为国家发展的灵魂和精神动力,在国际竞争中,谁占据了文化发展的制高点,谁就能在国际竞争中掌握主动权。中华民族曾经创造了辉煌灿烂的文明,为人类发展进步做出了巨大贡献。新时期,我们党将社会主义文明上升到兴国之魂的高度,这就是以爱国主义为核心的民族精神和以改革开放为核心的时代精神。

和谐,是世界万物存在的根据和发展的动因,是中华民族传统文化的核心理念,是中国特色社会主义的本质属性。作为社会主义核心价值观的重要组成部分,和谐是事物存在的一种辩证关系的积极展现,是中国特色社会主义的本质属性,是人类共同的价值追求。社会主义和谐观的具体内容包括:一是人与人的和谐,即社会关系的和谐;二是人与自然的和谐,人是自然的一部分,自然是人类生存和发展的基础,社会主义和谐观要求我们与自然和谐,不再以自然界征服者的身份出现,不再为追求个体利益的最大化对自然界无限索取,而是要和自然和谐相处;三是国际关系的和谐,和谐作为中国特色社会主义的本质属性,不仅体现为对内提出构建和谐社会,对外也主张共建和谐世界。

富强、民主、文明、和谐,构成了社会主义经济、政治、文化、社会、生态全方位的价值追求。富强是实现社会民主、文明、和谐的物质基础。民主制度的建设作为国家政治体制的本质属性,一是能够激发人民投身社会主义建设的积极性和创造性,从而创造更多的社会财富,推动国家富强和人民富裕;二是作为基层社会治理的一种模式,可以实现公民的民主自治,创造和谐的基层社会环境;三是为文化的发展提供宽松的制度环境,促进百花齐放。文化建设和文明发展对经济具有强大的反作用,先进的文化起到引领社会进步的作用。和谐社会包含着民主法治、公平正义、诚实友爱、充满活力、安定有序、人与自然和谐相处的总要求,是对富强民主文明的诠释。总之,在国家层面核心价值观中,经济富强是基础,政治民主是保障,文明进步是动力,社会和谐是目标。

2. 社会价值取向

自由,是人类向往和追求的一种美好价值形态,也是社会主义社会的基本价值追求。自由主要是指公民在法律规定的范围内，自己的意志活动有不受限制的权利。社会主义核心价值观所倡导的自由，是社会主义条件下，全社会成员在经济上共同占有生产资料，在政治上共同享有平等权利。要充分尊重人民群众的首创精神，切实保障人民群众的各项合法权益。

平等，是指人们在经济、政治、文化等方面有同等的权利，主要包括权利平等、机会平等以及结果平等。社会主义核心价值观所倡导的平等，是通过平等的社会机制和价值引导，既保障公民个人享有平等的权利，也保障每个人基于社会贡献所要求得到的权利、利益和尊重。坚持法律面前人人平等，任何组织和个人都没有超越宪法和法律的特权。

公正，是古往今来千百万人梦寐以求的社会理想，也是社会主义社会的内在要求。公正，即公平、正义，公平主要指权利公平、机会公平、规则公平以及分配公平等，正义主要指制度正义、形式正义以及程序正义等。社会主义核心价值观所倡导的公正，是加快建立以权利公正、机会公正、规则公正为主要内容的社会公平正义保障体系，努力营造公平正义的社会环境，从而在更加公平正义的基点上造福全体人民。

法治，即法的统治。与人治、德治相对，是人类政治文明的重要成果，也是社会主义社会的重要保障。社会主义核心价值观所倡导的法治，是坚持党的领导、人民当家做主和依法治国的统一，通过建立健全全社会学习、遵守、维护、运用法律的制度，始终坚持法律面前人人平等，让遵法守法成为一种良好的社会风气和自觉的行为习惯，让人民群众在法治社会中享受到自由、平等和公正。

自由、平等、公正、法治是马克思主义的基本要求、也是中国共产党人的一贯价值追求，集中体现了社会主义的基本社会属性和中国特色社会主义的社会价值追求，它们一定会内化为实现中华民族伟大复兴的强大精神动力，一定会外化为推动全面深化改革、全面建成小康社会的积极行动。

3. 个人价值准则

爱国，是社会主义核心价值观的核心、灵魂，是每个公民的义务和责任。爱国凝聚着全国各族人民的核心要素和第一位的价值观。爱国作为公民的一项基本义务和美德，具有鲜明的时代特性。只有把爱国作为不可须臾离弃的价值观，贯穿于民族复兴整个历史过程，才能不断增强各族人民对伟大祖国的认同、对中华民族的认同、对中华文化的认同、对中国特色社会主义道路的认同，朝着富强、民主、文明、和谐的理想迈进。

敬业，是公民的基本职业要求，也是爱国在工作生活中的具体体现。敬业既包括精神层面的内涵，也包括务实层面的要求。敬业就意味着热爱、看重自己所从事的工作，并将这种自豪转化成对工作的动力，对生活、集体和国家的热爱。一个伟大的民族是由无数个忠于职守、品格高尚的个体组成的。国民能否兢兢业业、一丝不苟地干好本职工作，不仅关系到自身生存发展，也决定着整个国家的健康发展。

诚信，是个人的立身之本和必备的道德品格。诚信的基本内容是诚实、诚恳、信用，也就是以诚恳待人，靠诚取信于人。诚信不仅是道德的基础和根本，也是一切事业得以成功的保证。只有人人从我做起，让诚信真正根植人心，人与人之间才会更加友善，社会主义文明才能更进一步。

友善，是中华民族的传统美德之一。包含善待亲友、他人、社会、自然等。善待亲人可以和谐家庭关系。善待朋友，善待他人，可以和谐人际关系。善待自然可以形成和谐的生态关系。友善是和谐人际关系的道德要求，是各阶层各行业活动的行为准则，是我们做人、做事、成家、立业，以及走上成功的重要法宝。

爱国、敬业、诚信、友善是社会主义核心价值观的基本内容，是公民个人层面的价值准则。只有将其内化为每个人的行为规范，才可能真正实现富强、民主、文明、和谐、美丽的社会主义现代化强国。

（三）积极践行社会主义核心价值观

我们要用社会主义核心价值观引领思想、凝聚共识，积极开展中国特色社会主义和中国梦的宣传教育活动，不断增强道路自信、理论自信、制度自信和文化自信，通过开展丰富多彩的文化体育活动，用思想性、艺术性、观赏性相统一的优秀作品鼓舞人、激励人，坚持正确价值取向，传递积极人生追求、高尚思想境界和健康生活情趣，弘扬真善美，贬斥假恶丑。

以爱国为灵魂，以相互关爱、服务他人为主题，围绕扶弱济贫、应急救援、环境保护等多方面，组织开展各类形式的志愿服务活动，形成我为人人、人人为我的良好社会风气。

典型案例

伦敦街头的“恶作剧”

伦敦街头的十字路口人行道旁的路灯杆下有个按钮，行人欲过马路时按一下钮，汽车路上的绿灯就会变成红灯，人行道上的灯就变成绿灯，等行人过去后再恢复为汽车行驶的绿灯，而没有行人时则有电脑监控，合理变换来往红绿灯。

一天早晨，我和一位同行者到街头散步，在一个三岔路口，我们突发奇想，想知道英国的司机是不是真的那么“听话”。也不知是谁提议同时将三条路口的按钮全部按下，顿时3条汽车道上全部变为红灯，汽车全部停下来了。站在路中央“孤岛”上的我们才感到玩笑开大了，落荒而逃。回头再看那些车辆，既不按喇叭，也不伸出头来谩骂，只默默等待着绿灯的出现。

案例分析：多为别人着想，自己的路才会走得更远！

以敬业为关键，学习楷模，开展比、学、赶、帮活动，培育和弘扬工匠精神，营造“劳动光荣、技能宝贵、创造伟大”的社会风气。

智慧点拨

工匠精神是指工匠不仅要有高超的技艺和精湛的技能，而且要有严谨、细致、专注、负责的工作态度和精雕细琢、精益求精的工作理念，以及对职业的认同感、责任感、荣誉感和使命感。大国工匠精神主要表现为执着专注、作风严谨、精益求精、敬业守信、推陈出新五个方面。

以诚信为根本，讲究社会公德、职业道德、家庭美德，培养个人良好道德品德，形成修身律己、崇德向善、礼让宽容的道德风尚。

典型案例

春秋战国时期，秦国的商鞅在秦孝公的支持下主持变法。为了树立威信，推进改革，商鞅下令在都城南门外立一根三丈长的木头，并当众许下诺言：谁能把这根木头搬到北门，赏金十两。秦民无人敢信，后加至五十金，于是，有人站出来将木头扛到了北门，商鞅立即赏了他五十金。商鞅这一举动，在百姓心中树立了威信，而商鞅接下来的变法就很快在秦国推广开了。

案例分析：诚信是人必备的优良品格，讲诚信的人，处处受欢迎，不讲诚信的人，人们会忽视他的存在。诚信是为人之道，是立身处事之本。

以友善为重点，以雷锋为榜样，在生活情境中，与人为善，心怀对他人关心理解的情感态度，不断提升自身文明素质和社会文明程度。

用优秀传统文化怡情养志、涵育文明。中华优秀传统文化积淀着中华民族最深沉的精神追求，包含着中华民族最根本的精神基因，代表着中华民族独特的精神标志，是中华民族生生不息、发展壮大的丰厚滋养。在平时的学习生活中，要注意挖掘优秀传统文化的思想价值，梳理和萃取中华文化中的思想精华，重视民族传统节日的思想熏陶和文化教育功能，让优秀传统文化在新的时代条件下不断发扬光大。

三、劳动奉献与人生价值

（一）劳动是一切财富和价值的源泉

劳动是人与自然、人与社会之间矛盾产生的根源，也是解决人与自然、人与社会之间矛盾的唯一的现实途径。没有劳动，就没有人，没有人类社会。从根本上说，一部人类发展史就是一部劳动创造史，劳动是一切价值的源泉。

1. 劳动创造了人类社会

在动物的活动中，并不存在真正意义上的劳动，但劳动以萌芽的形式存在于高级动物即古猿的活动中。正是这种萌芽形式的劳动，促进了手和脚的专门化发展，促使古猿开始制造工具，而制造工具是劳动的根本标志，是“人猿相揖别”的根本标志。正是在这个意义上，我们说劳动创造了人和人类社会。

2. 劳动创造了社会财富

现实生活中的一切财富，无论是物质的，还是精神的，都是劳动创造的，归根结底，都是劳动的产物。劳动引发了发现、发明和创造，推动了社会生产力不断发展，不断创造着社会财富，不断提高着人类的物质生活水平和精神生活水平。

3. 劳动创造了人的价值

从根本上说，人的价值就在于，人是创造价值的价值。物的价值是在人的活动中形成的，人的价值是人通过自己的劳动创造的。正是在劳动的过程中，人们既改造了人自身的价值，从而使自己的认识更深刻，品德更高尚，能力更强大，发展更全面。一言以蔽之，人在劳动中创造、实现了物的价值的同时，又创造、实现了自身的价值。

(二)劳动的两面性

任何劳动都具有能动性和受动性。

能动性是指人们按照自身对自然界的规律性认识改造自然的过程；受动性是指不论人们是否认识这些规律，人们总是受这些规律支配、不得不按照这些规律进行活动的过程。在一定意义上，这两个过程同时并存，是一个过程的两个方面。

1. 所有创造美的劳动都是具体的劳动

个体在其与对象的对立与僵持中，需要劳动来解脱。只有劳动才能把个体从对象关系中解放出来。由于个体所面临的对象是多种多样的，个体的劳动形式也就是多种多样的。从表面上看，个体的劳动过程是满足吃、穿、住、用的过程。它是那样实在，那样俗不可耐，不少人甚至诅咒是劳动使他变得辛苦起来。然而，劳动对于人，就像生命对于人一样是不可或缺的。恩格斯说："劳动改变了人本身。"没有劳动，也许世界上至今没有人类；没有劳动，人们不可能有今天这样丰富的生活。人们可以改变劳动的形式，却不能取缔劳动本身。

2. 所有创造美的劳动的共性是自由自在性

每一种创造美的劳动都是具体劳动，如种植活动、建筑活动、舞蹈活动、歌唱活动、绘画活动等，这些具体形式的劳动活动都有一个共同特征：每一种具体形式的创造美的活动都是体现劳动的自由自在性的活动，那种凡是体现了人类劳动的自由自在性的劳动成果则被看成美的东西。

劳动创造了人类社会，创造了社会财富，创造了人本身的价值。我们不仅要有知识、有技术、有能力，而且要有良好的劳动态度，尊重劳动、热爱劳动、辛勤劳动。没有劳动，就没有社会的进步，也不会有个人的发展。无论我们以后从事什么工作，都应该尊重劳动、热爱劳动、辛勤劳动，以劳动实现自己的人生价值。

(三)在劳动奉献中实现人生价值

人生价值的实现不是一朝一夕就能轻松完成的，也不都是轰轰烈烈的英雄事迹，更多的人还是要在平凡的生活中，从一点一滴的、简单得不能再简单的小事做起，一步一步地逐渐实现自己的人生价值，而且还要有恒心、有毅力，有对实现人生价值的执着追求。

人的价值就在于创造价值，就在于对社会的责任和贡献，即通过自己的活动满足自己所属的社会、他人以及自己的需要。评价一个人价值的大小，就是看他为社会、为人民贡献了什么。在劳动中实现和证明自己的价值，促进人自由全面的发展；在奉献中实现人生价值，体验人生幸福。

1. 劳动着的人是幸福的

人只有在劳动中，在奉献社会的实践活动中，才能创造价值。一个人在劳动中创造的财富越多，意味着他为满足社会和人民的需要所做出的贡献就越大，他自身的价值就越大，他的幸福感就越强。

2. 劳动是人的存在方式

人只有在劳动中才能自由地彰显和发挥自己的智力和体力、意志和情感，从而实现和证明自己的价值。在社会主义社会，劳动是创造人类美好生活、促进人的自由全面发展的重要手段。

3. 努力奉献的人是幸福的

积极投身于为人民服务的实践，是实现人生价值的必由之路，也是拥有幸福人生的根本途径。

名人名言

我们走向并珍爱每一处风光，我们不停地走着，不停地走着的我们也成了一处风光。

——汪国真

在现实生活中，或许我们只是平凡的人，但要我们具有劳动奉献的精神，通过辛勤劳动来创造、实现自己的人生价值，我们就会在平凡中创造不平凡，就会在自己的生命过程中谱写人生的华彩乐章。

人生感悟

孙奇，中共党员，呼和浩特铁路局呼和浩特站售票员。从事铁路工作 22 年，无论在哪个岗位，孙奇都兢兢业业，时刻将热情和严谨注入岗位，用真诚和微笑服务旅客，用平凡行动诠释敬业奉献的真谛。孙奇总想把每项工作做到最好。当线路工，她扒道砟、抡洋镐，与男工友一样脏活重活抢着干；当巡道工，她顶烈日、冒风雪，每天步行 16 千米精检细查，防止各类隐患；当客运员、班组长，她热情服务、精细管理，班组获评“全国青年文明号”；当售票员，她废寝忘食钻研业务，总结出“七字售票作业法”和“十二句服务规范用语”，在全国铁路客运系统得到推广。孙奇(见图 4-2)最大的快乐是帮助别人。她无数次将旅客遗失物品及时归还，把患病旅客送到医院，帮助走失孩子找到家人。从事售票工作 7 年间，她收到表扬信233封、锦旗27面。2011年5月，孙奇在自己身患癌症的情况下，还资助了农村贫困小学生谭旭。孙奇在平凡的岗位上，在劳动奉献中实现着人生价值。

图4-2 孙奇

孙奇是如何实现自己的人生价值的？人生价值的源泉在哪里？

——中国文明网

思考与探索

1. 结合实际，思考如何在劳动中实现自我价值与社会价值，并与同学交流。
2. 以“怎样才能不负青春”为议题，探讨在社会主义现代化建设中实现人生价值的途径。
3. 走访在平凡岗位上做出不平凡业绩的普通劳动者，谈谈从他们的身上学到了什么。

第三节 人的自由与全面发展

自古以来，人们一直不懈地追求着自由，并为之奋斗，为之牺牲。匈牙利诗人裴多菲甚至写出了这样的著名诗句："生命诚可贵，爱情价更高。若为自由故，两者皆可抛。"然而，自由不是为所欲为。从哲学的视角看，自由是对必然的认识。必然性既是对人的自由的约束，又是人实现自由的根据。我们只有在认识和把握必然性的基础上，才能实现人的自由与全面发展。

案例导入

陕西女孩卓某大学毕业后在网上发帖说："由于经济危机工作难找，本姑娘决定自谋生路。与其虚度光阴，不如将闲暇时间出租，也算服务大众了。"她承接的业务主要是打扫卫生、做饭、接送小孩、买买东西、担当快递、商场促销等。服务费用：一小时20元，一天100元。每次出行，买家只须提供时间费、交通费、各种杂费。她还特别声明：买家须在不违法、不违背良心的前提下自愿达成协议，彼此须建立在相互尊重的基础之上。在节目中，记者问："你的帖子一发出，立刻引起强烈反响。大家对此褒贬不一，你是怎么看的？"她坦言说："现在的人，生活都很忙碌，毕竟在大都市里有各种需要的人还是存在的，而对于大家的说法，我的观点是不活在别人的眼里。"

她接的第一单生意，是到在高新区上班的一个"小白领"家打扫卫生，做一顿晚餐。她拿到的第一笔酬金是80元。

第一单生意的成功，给了她很大的信心。她说，虽然论坛的版主将她的帖子封了，但下一步她准备到别的论坛上再发帖。"我是很认真地在做事，不是娱乐大众，也不是娱乐自己。我只是想通过自己喜欢的方式挣钱养活自己。我不做违法乱纪的事，也不接丧失道德的单，只要我坚持，以后一定会越来越好。"她在节目中声称：未来她要开一家劳务公司。

思考：从上述案例中，我们应如何正确处理个性自由与全面发展的关系？

一、人的自由

（一）个性自由的内涵

自由不是"由自"，不是任意地由自己说了算，而是表现为人的一种正确判断和行动的能力。正如人是在游泳中获得在水中的自由而不是实现自己先天固有的游泳本能一样，自由不是人先天固有的本能，人是在实践中不断获得自由的。人的认识活动和实践活动是通向自由的道路。

自由不等于必然，必然也不等于自由。从哲学的视角看，自由是对必然的认识，是以对客观规律的认识和把握为前提的。必然是自由的限度，也是自由的根据，人只有在必然性提供的可能性的范围内进行选择、展开活动，才有自由。毛泽东说："自由是对必然的认识和对客观世界的改造。"只有在认识必然的基础上，人们才有自由的活动。这是自由和必然的辩证规律。

自由是人们借助对必然性的认识、把握和利用而具有的正确判断和行动的能力。具有这种能力的人，不是凭本能盲目行动而是依规律自觉行动，从而认识、控制外部条件，自主地选择和决定自己的生活，达到自由。《论语》中"随心所欲不逾矩"，讲的就是这个道理、这种境界。

个性自由是指个人的能力和潜能，按照个人的意愿得到自由而充分发挥和发展。个性自由与个性禁锢、个性压抑相对，它是落实在每个具体的人的身上的自由，它关注人的自由全面的发展。

（二）个性自由和社会约束的关系

人的自由是具体的。人的自由总是在一定基础上和一定条件下的自由，其发展的程度同社会发展的程度相一致。在现实社会，自由是一种由法律规定的权利，涉及的是个人在社会生活中的地位。正因为自由是一种由法律规定和保证的自由，所以，这种自由就包含着某种不自由。自由不是为所欲为、随心所欲，也不是完全摆脱社会约束，不受任何限制的自由是不存在的。人的自由是在遵守法律或道德的前提下的自由。

体验与探索

一棵刚栽下的小树，被束缚在木桩上，它感到很不自在，气愤地指责木桩说："老东西，你为什么要束缚我，剥夺我的自由？"

木桩亲切地说："小兄弟，你刚开始自立，弄不好是会栽倒的，我是为了帮助你扎稳根，增强抵御风的能力，扶持你茁壮正直地成长，让你成为有用之材呀！"

"鬼话！"小树心里骂道，"我才不信你这骗人的鬼话呢，没有你我同样能扎稳根，不用你扶我同样茁壮正直地成长，你就等着瞧吧！"

于是，小树凭借风力，故意找别扭，天天和木桩磨来磨去。有一天，它终于把绳索挣断了，感到非常得意，整天随着风，东摇西摆地起舞，把根部的泥土晃松动了。一天夜间，一阵疾风骤雨，它被连根拔了起来。第二天一早，岿然不动的木桩望着倒在地上的小树叹道："你现在感到彻底自由了吧！"

"不！"小树难过地说，"我现在感到需要约束，可惜已经有点迟了！"

人的自由是受条件限制的。一个人无条件的自由，意味着其他人的不自由，意味着对他人自由的剥夺。依此类推，结果是每一个人都没有自由，自由由此转变为它的对立面，即不自由。

个人需要自由,他人也需要自由。不顾他人,在社会中追求绝对自由,妨碍甚至剥夺他人的自由,就会受到法律制裁,最终使自己也失去自由。人是社会存在物,人的一切自由,都离不开社会,都是在社会约束下的自由。

在现实生活中,我们要处理好自由与必然、个性自由与社会约束的关系。认识、把握和利用必然性,是达到自由的认识前提;自觉遵守社会规范,是达到自由的社会前提。社会规范,包括法律约束,实际上是在促进人的社会化,从而更能彰显一个人的个性自由。

体验与探索

风筝在空中飞舞。当强风把风筝吹起时,牵引线就能够控制它。

风筝迎风飘向更高的地方,而不是随风而去。它摇摆着、拉扯着,但牵引线以及笨重的尾巴使它处于控制之中,并且迎风而上。它挣扎着、抖动着想要摆脱线的束缚,仿佛在说:“放开我!放开我!我想要自由!”即使与牵引线抗争着,它依然在自由地飞翔。终于,风筝成功挣脱了。“终于自由了,”它好像在说,“我终于可以随风自由飞翔了!”

脱离束缚的自由使风筝完全处于强风无情的摆布下。它毫无风度地震颤着向地面坠落,落在一堆乱草之中,线缠绕在一棵灌木上。“终于自由”使它自由到无力地躺在尘土中,无助地任风将其吹走。

风筝的自由与约束给我们什么启示?

自由不是绝对的,而是相对的、有限制的、有界限的。人的自由既受社会生产力发展水平的限制,也受社会关系状况的制约。没有社会的发展,就谈不上个人的发展;没有合理的社会制度,就没有真正的个人自由。人处在社会关系之中,个人的自由离不开集体的自由,离不开合理的社会制度的保障。从这个意义上说,个人只有在自由的集体、合理的社会制度中才能获得自己的个体自由。

马克思多次强调“个人的独创的和自由的发展”的问题。马克思主义所追求的自由,是消灭私有制、消灭阶级,每一个人都得到全面发展的自由。正如马克思、恩格斯在《共产党宣言》中所说的,“代替那存在着阶级和阶级对立的资产阶级旧社会的,将是这样一个联合体,在那里,每个人的自由发展是一切人的自由发展的条件”。

二、人的全面发展

(一)人的全面发展的内涵

人的全面发展的内涵

人们追求自由的过程,也就是人本身不断得到发展的过程,人的发展经历了一系列历史阶段,逐步趋向人的全面发展。

人的发展是指“每个人”,即“社会的每一个成员”的发展,包括人的体力、智力个性和交往能力的发展等。人的发展可以分为三个方面,即全面发展、自由发展、充分发展。

全面发展是从广泛性上谈人的发展,它是与片面发展相对应的,是指人的各方面才能和能力的协调发展。片面发展是指人的单方面能力得到发展，而其他方面的才能则没有机会得到发展，或者一种才能的发展抑制了其他才能的发展。人的全面发展并不排除某个人在某个或某些方面的特殊才能的发展，并不否认人的个性特点，并不是把所有的人都塑造成一模一样的完人。

新木桶理论

体验与探索

木桶理论

美国管理学家彼得提出的"木桶理论"告诉我们：由多块木板构成的木桶，其价值在于盛水量的多少，但决定木桶盛水量多少的关键因素不是其最长的木板，而是其最短的木板。要想使木桶装更多的水，就应设法增加最短的那块木板的长度，使它与其他木板平齐。如图 4-3 所示。"木桶理论"不仅在企业管理中适用，在个人能力方面同样有深刻的启示。一个人不仅要善于发现自己的优势，而且要注意自己的不足，要在"扬长"的同时，注意"避短"，并弥补自己的不足，努力使自己成为全面发展的人。

图 4-3　木桶理论

自由发展从自主性上谈人的发展，是指人自觉自愿地发展自己的才能，施展自己的力量。定历史阶段的人的片面发展，在某种意义上也是一种不自由的发展，这样的发展往往并不是根据自己的意愿和天赋自己选择的，而是被外界所强加的，或者是由于外界压力而不得不做出的选择。

充分发展则是从程度上谈人的发展。人的才能和能力的发展有个程度问题，人总是向着更高的程度发展自己的才能。充分发展是与全面发展、自由发展联系在一起的。人的才能的充分发展是许多方面相互协调的发展，而不是单一方面的发展，不是某一方面的畸形发展。

在人的发展中，马克思主义哲学最突出强调的是全面发展。一般来说，人只有在自由发展和充分发展的基础上才能实现全面发展。

(二)人的全面发展实现的条件

人的全面发展是人的素质和能力的全面提高，既需要客观条件，也需要主观条件，它是客观条件和主观条件共同作用的结果。

1. 人的全面发展的客观条件

社会环境是人的全面发展的客观条件。

第一，生产力高度发展是实现人的全面发展的物质前提。生产力的发展为人的全面发展奠定物质基础。生产力的发展创造了日益丰富的物质生活资料，为人的全面发展提供了物质前提。生产力高度发展能使人摆脱贫困状态，并在基本满足生活需要的前提下追求精神层面的享受和个性自由的发展。

第二，自由时间的增加是个人全面发展的基础。自由时间是指人们可以自由支配的时间，即可以用于从事科学、艺术、社会活动等非物质生产活动的时间。人的个性和能力的全面发展，要求有这样的社会环境，即把社会必要劳动时间缩减到最低限度，给所有的人腾出更多的时间和创造更多的手段，使个人在科学、艺术和交往等方面得到发展。有了充分的自由时间，个人才能全面发展。

第三，社会关系的丰富和高度发展是个人全面发展的重要条件。丰富和高度发展的社会关系对于个人能力、才能和个性的发展具有促进作用。一个社会关系丰富的人，他的个性和才能就容易获得比较充分的发展，而一个几乎不与外界发生任何联系的人，他的个性和才能也只能处于比较原始或低级的状态。

资料卡片

国家政策助中职生全面发展

党的十八大以来，各级政府加大了对接受职业教育学生的资助力度，所有来自农村和城镇家庭经济困难的中职学生全部免除学费。这一政策惠及90%的中职学生，40%的中职学生还同时享受国家助学金政策，通过覆盖广泛的资助政策，使得每个有学习中等职业教育意愿的孩子都能“有学上”“学得好”。从中职学校学生的构成看，80%左右来自农村，通过接受职业教育，90%以上的学生实现了在城镇就业。中等职业学校已经成为农村家庭子女接受高中阶段教育的主要载体，大多数来自农村的中职学生毕业后带着技能实现就业，对于避免贫困固化和代际传递、推动社会公平具有重大意义。

国家在政策上和经费上对职业教育的支持，有力推动了职业教育的发展，使成千上万的中职生凭借国家资助政策体系，获得了全面发展的机会。

第四，大力发展教育事业并实行教育与生产劳动相结合是人的全面发展的根本途径。教育不仅是提高社会生产的一种方法，而且是造就全面发展的人的唯一方法。教育能提高个人的素质，促进个人的能力的发展和道德水平的提高。生产劳动是人的体力智力发展的源泉。

第五，重视精神产品的生产是人的全面发展的重要条件。精神产品的生产可以强化人的主体意识，满足人的精神和文化的需要，增强人认识世界、改造世界的主体能力，为人的全面发展提供必要的精神动力和物质基础。

2. 人的全面发展的主观条件

人本身的主体因素是人的全面发展的主观条件。

第一，自身的条件。人作为主体，个人的思想道德素质、科学文化素质、身心发育程度和活动的方式与状态，制约着人的个性和能力的发展。影响个人发展的内在条件包括先天因素和后天因素两个方面。

体验与探索

郎朗出生于中国沈阳。3岁由父亲启蒙开始学习钢琴，4岁师从朱雅芳教授。5岁和7岁连续两次获沈阳钢琴比赛第一名，9岁获全国星海钢琴比赛第一名，11岁获德国第四届青少年国际钢琴比赛第一名，并获杰出艺术成就奖。13岁获第二届柴可夫斯基国际青年音乐家比赛第一名(金牌)。同年他应邀与新组建的中国国家交响乐团合作，在开幕式音乐会上担任钢琴独奏。14岁考入美国柯蒂斯音乐学院，师从著名钢琴大师院长格拉夫曼。3个月后，与国际著名的IMG演出经纪公司签约，从此走向了职业演奏家的道路。两年后又签约了著名的德国DG唱片公司，成为最受重视的艺术家。

第二，个人主观努力的程度。个人的全面发展离不开个人主观能动性的发挥。人在发展中会遇到许多困难、挫折，甚至遭受到失败的打击。要实现个人的全面发展，就要发挥主观能动性，就要有不怕困难、顽强拼搏、自强不息的精神。

三、人的全面而自由发展是社会进步的最高目标

(一)人的全面发展和自由发展的关系

1. 只有人的全面发展才能获得真正的自由

我们这里讨论的自由是广义的、积极的、宽泛的自由，是从身体到心理到社会关系的自由总和。因此，只有人全面发展了自己本身，才有机会得到真正意义上的自由，可以自由而为之，成为一个真正自由人。

第一，人的自由发展首先要有物质保障，在人的实践活动中能力的全面发展为自由的实现提供物质基础。从人的能力的发展是人全面发展的根本前提可以得出，人的各项能力创造出的物质财富在人脑全面发展后将会大幅度提升，这为世人真正自由不受物质条件制约提供了物质基础，使人获得一种物质自由。

第二，人的自由发展离不开协调的社会环境，而人的社会关系的全面丰富为自由的实现提供社会平台。马克思认为，只有在共同体中，个人才能获得全面发展其才能的手段，也就是说，只有在共同体中才可能有个人自由。

体验与探索

数学不及格

钱钟书10岁入东林小学，在苏州桃坞中学、无锡辅仁中学接受中学教育，19岁被清华大学破格录取。钱钟书出生于诗书世家，自幼受到传统经史方面的教育，中学时擅长中文、英文，却在数学等理科上成绩极差。报考清华大学时，数学仅得15分，但因国文、英文成绩突出，其中英文更是获得满分，于1929年被清华大学外文系录取。

第三，人的身体素质、心性品格和需要的全面发展为实现自由提供主体条件。

2. 人的自由反过来促进人的全面性

人在得到自由的同时，身体、精神、社会关系都由自己的主观意志控制，兴趣爱好、人生目标、从事职业都可以凭借个人能力和喜好去选择，这个时候，人的全面发展得到了更有力的保证，因此，人的自由发展反过来促进了人的全面发展的力度和深度。

3. 全面发展不能代替自由，自由也不能保证使人全面发展

二者相辅相成，缺一不可。通过概念可知，全面表明人的社会关系、个人能力和需要等方面的普遍性，是侧重于人的外在表述，而自由更多地表明人的发展过程中的内在差异性。因此，全面发展不能代替自由发展，自由发展也不能代替全面发展，二者从不同角度出发，朝向不同方向，在不同领域分别促进了人的发展。全面而又自由是人类最终的追求目标，因此，二者相辅相成，缺一不可。

(二)社会进步与人的全面、自由发展的辩证关系

社会进步是指社会合乎必然性的前进发展，是社会由旧的历史时代向新的历史时代的转变，是社会形态从低级到高级的发展，包括社会的物质文明、政治文明和精神文明的发展。社会进步主要取决于三个方面的原因：生产力的推动、人的需要和利益的驱动、人的能动性创造活动。只有生产力的不断发展，才会引起社会关系的更新和社会形态的更替，才会满足人们日益增长的美好生活需要。而生产力的不断发展又是由于人的需要、利益和能动的创造活动造成的。因此，人的需要、人的素质和人的发展是社会进步的推动力量，社会进步和人的全面发展是辩证统一的过程。

第一，社会的进步依赖于人的发展，内含着人的发展，并为人的进一步发展创造条件，开辟新的可能。社会的进步离不开人的推动力，而人的推动力的强弱又取决于人的发展。因此，没有人的发展就没有社会进步，人的发展程度是社会进步的重要内容和主要标志。人是社会进步的主体，社会进步从本质上说就是人的发展和解放。社会物质生活的进步，为个人的进一步发展提供了良好的物质条件；社会精神生活的进步，为个人的进一步发展提供了健康有益的精神食粮，并促使个人心理素质和道德素质的不断提升；社会政治生活的进步，使人的自由程度不断提高，人的自主性和独立性不断增强。

第二，人的发展同样依赖于社会的发展，又不断对社会进步提出更高的要求，以更强的主体能力和主体实践推动社会的进步。没有社会的进步，人的发展也难以实现。社会进步是人的发展的前提和条件，只有在社会进步的基础上，人的全面发展才能得到物质和精神的保障，人们才能在吃、穿、住、行等无忧的状态下自由而全面地发展自己。另外，人的发展又不断对社会进步提出更高的要求，要求社会为人的发展提供更好的条件，并通过积极的实践去创造条件，来推动社会的发展。人全面而自由的发展是评价社会进步的最高尺度或最高标准。

（三）在现有社会条件下积极推进人的全面、自由发展

人全面自由发展的实现，要求个人既利用社会提供的有利条件，又从自身的实际情况出发，充分发挥主观能动性。

1. 立足社会实际

每个人全面自由的发展是社会发展的最终目的，充分体现了人类发展的必然趋势。在我国现阶段，社会主义市场经济的不断完善，和谐社会的构建，全面建成小康社会、全面依法治国、全面改革开放的实施，都为人的全面自由的发展创造了有利条件。我们要充分利用现有条件，实现人的全面而自由发展。

2. 立足自身实际

第一，提高自身的素质。个人的自我完善是实现全面而自由发展的重要途径和前提，个人需要关注、肯定、关照和完善自我，把全面地发展自己的一切能力作为自己的职责、使命、任务。不断提高自己的思想道德素质和科学文化素质，使自己的德与智、知识与能力、生理与心理得到全面协调的发展。

第二，努力发展自己的个性。人的个性自由发展就是要解放人，让人独立出来，不要成为物或者制度，更不是其他附属物，而是完全独立的个体。作为个人，就应该努力发展自己的体力、智力、才能、兴趣、品质等，以促进个人全面发展。

第三，处理好个人与自然的矛盾，做到与自然和谐相处。个人全面自由发展与自然之间的矛盾的真正解决本质上是统一的。个人只有充分发挥主观能动性，正确认识自然，改造自然，把眼前利益与长远利益结合起来，做到个人与自然和谐相处，这样个人发展才有后劲，使个人全面而自由地发展。

第四，积极参与社会实践、社会交往活动。社会实践、社会交往等社会活动使个人学习并运用知识、磨炼意志、强健体魄、培养能力，形成健康心理，使个人完善自身，必将促使个人全面而自由的发展。

马克思主义哲学关于人的发展的思想是人的自由而全面的发展。当今社会为人全面而自由的发展创造了良好的条件。青年学生要充分利用这些条件，发挥主观能动性，实现自己全面而自由的发展。

人生感悟

袁隆平院士是享誉世界的“杂交水稻之父”，曾就读于湖南省安江农业学校。参加工作以来，袁隆平(见图4-4)不畏艰辛、执着追求、勇于创新，在杂交水稻领域取得了领先世界的成果，成功破解了困扰中国几千年的粮食问题，也给全世界送去福音。袁隆平用自己的辛勤劳动做出了无愧于祖国和时代的贡献。为此，他获得全国劳动模范、国家级有突出贡献的中青年专家、全国先进科技工作者等称号；获得国家技术发明奖特等奖、国家科技进步奖特等奖等奖励。袁隆平在杂交水稻领域做出的卓越贡献，是与他几十年的辛勤劳动分不开的。袁隆平在劳动中实现了自己的人生价值。

这位做出杰出贡献的科学家在谈到人生观时诚恳地说：“做事先做人，这是老生常谈，也是我这一辈子最深刻的感悟。我是搞育种的，我觉得，人就像一粒种子。要做一粒好的种子，身体、精神、情感都要健康。种子健康了，事业才能根深叶茂，枝粗果硕。”

图4-4 杂交水稻之父袁隆平

从社会进步与个人发展方面看，袁隆平的事迹说明了什么？

——中国文明网

思考与探索

1.“海阔凭鱼跃，天高任鸟飞。”很多人羡慕鱼和鸟的自由。然而，鱼的自由离不开水，鸟的自由需要天空。以“自由与约束”为题，组织一场演讲或辩论。

2.联系自身或身边实际，谈谈人的全面发展问题。

3.“木桶理论”对你的发展有什么启示，结合自身情况进行分析。

参考文献

[1]胡适. 哲学与人生[M]. 北京:中国妇女出版社,2017.
[2]易杰熊. 哲学、文化与人生[M]. 石家庄:河北教育出版社,2014.
[3]尹德成. 光影中的人生与哲学[M]. 香港:三聯书店有限公司,2014.
[4]阿图尔·叔本华. 人生的智慧:叔本华的幸福哲学课[M]. 北京:中信出版集团,2019.
[5]读书堂. 人生哲学林:思考与人生[M]. 北京:当当科文电子商务有限公司,2015.
[6]梁漱溟. 人心与人生[M]. 上海:上海人民出版社,2018.
[7]冯友兰. 人生哲学[M]. 北京:中国国际广播出版社,2016.
[8]艾思奇. 哲学与生活[M]. 天津:天津人民出版社,2018.
[9]叔本华. 人生为何不同[M]. 北京:新世界出版社,2013.
[10]邓晓芒. 哲学起步[M]. 北京:商务印书馆有限公司,2017.
[11]阿兰·德波顿. 哲学的慰藉[M]. 上海:上海译文出版社,2012.